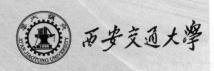

西安交通大學 研究生创新教育系列教材

U0290458

声学超材料吸声理论及应用

吴九汇 刘崇锐 马富银 著

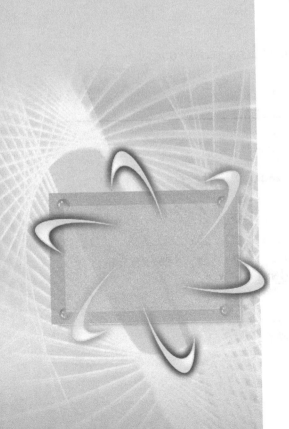

西安交通大学出版社
XI'AN JIAOTONG UNIVERSITY PRESS

内容简介

本书由浅入深,条理清晰,从晶体的微观周期性结构开始分析,到声学超材料的介观人工单元设计及其宏观特性分析;再从膜类吸声超材料谈起,提出了声学虹吸效应、多阶共振吸声机理、声质量调控机理、全频带高效吸声等多种超材料吸声机理,得到了 100~20000 Hz 频带内吸声系数均高达 95% 的优异吸声效果,在此基础上,作者及其团队设计并成功建成了世界上第一个超材料全消声室。本书主要是为工科研究生和专业人员提供声学超材料前沿研究的最新进展和分析方法,也是高等院校师生不可多得的教材和从事工程噪声控制工作的专业技术人员有价值的参考书。

图书在版编目(CIP)数据

声学超材料吸声理论及应用／吴九汇,刘崇锐,马富银著.— 西安:西安交通大学出版社,2021.9(2023.4 重印)

ISBN 978-7-5693-2234-7

Ⅰ.①声… Ⅱ.①吴… ②刘… ③马… Ⅲ.①吸声材料—研究 Ⅳ.①TB34

中国版本图书馆 CIP 数据核字(2021)第 149624 号

书　　名	声学超材料吸声理论及应用
	SHENGXUE CHAOCAILIAO XISHENG LILUN JI YINGYONG
著　　者	吴九汇　刘崇锐　马富银
责任编辑	王　娜
责任校对	雷萧屹
出版发行	西安交通大学出版社
	(西安市兴庆南路 1 号　邮政编码 710048)
网　　址	http://www.xjtupress.com
电　　话	(029)82668357　82667874(市场营销中心)
	(029)82668315(总编办)
传　　真	(029)82668280
印　　刷	西安日报社印务中心
开　　本	727 mm×960 mm　1/16　印张　14.25　彩页　4 页　字数　258 千字
版次印次	2021 年 9 月第 1 版　　2023 年 4 月第 3 次印刷
书　　号	ISBN 978-7-5693-2234-7
定　　价	40.00 元

前　言

随着工业生产技术水平的不断提高,对军用和民用产品的低噪声设计及工程方案的噪声预估等提出了迫切要求。因此,"噪声和振动"这门课程正在迅速成为世界上许多理工大学和学院的必修课。

本书是根据西安交通大学机械工程学科研究生课程的教学要求,以培养研究生具有较高理论分析水平和解决复杂噪声工程问题的能力为出发点而撰写的。本书引入国内外最新研究成果,将噪声的基础理论和工程应用充分结合在一起,从而引导读者能够从基础理论中找寻解决实际工程问题的技巧和方法,论述简明精练、深入浅出,具有较强实用性。

本书特别注重为工科研究生和专业人员提供噪声分析的研究基础和思维方法,有利开拓思路,力求提高相关专业人员分析问题和解决问题的能力。

西安交通大学机械工程学院陈天宁教授审阅了《声学超材料吸声理论及应用》的全部书稿,提出了许多宝贵意见和建议,给本书增色很多,在此特别感谢;这里还要非常感谢作者恩师陈花玲教授的大力帮助;此外,还要非常感谢在撰写本书过程中给予帮助的"振动与噪声控制工程研究所"黄协清教授、吴成军教授、王永泉教授、王小鹏教授、梁庆宣副教授等同事和作者的研究生们。

在撰写本书过程中,作者除依据自己的科研成果外,还参考了国内外同行有关文献,在此特一并致谢。

在此,还要非常感谢西安汇声机电科技有限公司李强研究员在超材料制备工艺上的开拓创新并大力帮助在西安交通大学创新港建成超材料全消声室。

最后,作者衷心感谢西安交通大学研究生创新教育系列教材建设对本书的支持。

由于作者水平所限,书中难免有错误和不妥之处,望读者批评指正,以便日后完善和修改。

吴九汇

2020.01.07

目　录

彩　图

第 1 章　晶体结构及其禁带特性

材料对人类至关重要,它是推动着人类社会向前发展的一个重要因素,材料的发展,必将引发技术的革新。因此,人类社会的发展过程中,离不开对材料的学习和利用。早期,人们只是对自然界存在的材料进行研究,掌握它们的性质以求使之为人类服务。随着社会的发展,自然材料的性质已经无法满足人类社会发展的需求,人工材料应运而生。通过调整材料的物理参数,可以实现自然材料无法达到的功能。

自 20 世纪以来,人类对材料的微观和宏观特性都做了大量的研究和探讨,对材料的特性有了更加深入的了解,推动了很多领域的飞速发展。以多晶硅为代表的半导体材料的出现,把人类带入到了信息时代,是人类文明的一次飞跃。

在半导体中,原子势场周期性排列,电子在通过半导体时,就会与周期性排列的原子势场相互作用产生禁带和通带。在禁带中,电子将不能通过,只有在通带中,电子才能自由通过。因而,人们可以通过调整半导体物理参数来实现对带隙的调控。

固体中原子排列的形式是研究固体材料的宏观性质和各种微观过程的基础。从原子排列的方式来看,固体材料可分为三大类:晶体、准晶体和非晶体。如果固体中的原子按照严格的周期加以排列,则该固体即为晶体,即晶体是长程有序的;而非晶体则不具有长程的周期性;准晶体是 1984 年从实验中发现的一类既区别于晶体又区别于非晶体的固体材料。晶体之所以具有规则的几何外形,也是晶体中原子、分子规则排列的结果。

近些年来,通过对天然晶体结构中原子按照周期排列特性的仿制,人造周期结构功能材料受到日益广泛的关注。在周期结构中,波与周期结构相互作用能够产生和半导体电子禁带相类似的能带结构,即禁带,该周期结构被称为波晶体。20 世纪 80 年代末,John 和 Yablonovithch 分别独立地发现了光波色散曲线,并提出了光子晶体的概念[1,2]。1992 年,Sigalas 和 Eeonomou 通过理论研究证实了球形散射体埋入某一基体材料中形成的三维周期性点阵结构具有弹性波禁带特性[3]。1993 年,Kushwaha 等人第一次明确提出了声子晶体

(Phononic Crystals) 概念, 并对镍柱在铝合金基体中形成的复合介质采用平面波方法计算, 获得了在剪切极化方向上的弹性波禁带[4]。

　　本章主要内容是从晶体的微观周期性结构着手, 阐述晶体结构的基本特性, 在此基础上细述光子晶体和声子晶体的禁带特性。

1.1　晶体结构简述

　　所有固体都是由分立的基本单元——原子组成的。如果固体中的原子按照严格周期加以排列, 则该固体称为晶体, 否则称为非晶态(或玻璃态)固体。

　　晶体中原子排列的具体形式一般称为晶体格子, 或简称为晶格。晶格是根据晶体的周期结构抽象出来的概念。它利用空间上的点来代表晶体中的一个基本结构单元, 各节点在平面内周期分布, 那么晶体就可以看成是由无限节点组合的空间点阵。利用直线族和平行的平面族可以将点阵中的节点连接, 这些直线族和平面族相互交错构成的网格称为晶格。常见的二维晶格点阵形式有正方形晶格、正三角形晶格、正六边形晶格和长方形晶格等, 如图 1-1 所示。

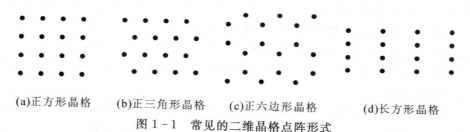

　　(a)正方形晶格　　　(b)正三角形晶格　　　(c)正六边形晶格　　　　(d)长方形晶格

图 1-1　常见的二维晶格点阵形式

　　图 1-2 所示为晶体结构示意图, 图中任意两个相邻原子之间在 x 方向和 y 方向的距离分别是 a 和 b(x 轴和 y 轴不一定正交)。按照严格周期性, 上述周期(或重复)性沿 x 和 y 方向由负无穷到正无穷都保持不变的晶体才是完美晶体, 这时原子 A、B、C 等都是等价的, 即从任何一个原子上观察到的晶体情况应完全相同。这种特性称为晶体的平移对称性, 即晶体沿连接任意两个原子的矢量作任一平移后保持不变。

　　严格来说, 完美晶体是无法制备出来的。在晶体表面其周期性一定会被破坏, 从而形成缺陷, 因此表面原子周围和内部原子周围的物理特性并不相同。晶体的性能决定于其内部的结构、成分和缺陷的分布状态。通常人们或是希望获得高度完整的晶体, 即结构完整、成分均匀、缺陷甚少的晶体, 在这种情况下缺陷或非完美性所带来的影响极小, 我们就是本着这种精神来谈论"完美"晶体

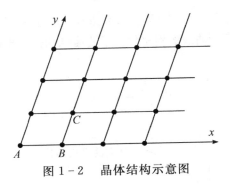

图 1-2　晶体结构示意图

的;或是为了获得某种物理性能,力图生长出具有预定的成分或缺陷分布状态的晶体,这种非完美性本身往往就是很有意义的研究主题。一般以非完美性为主题时并不完全放弃晶体的概念,而只是把所研究的不完美性作为晶体结构的微扰加以处理而已。

晶体周期结构中常常被关心的仅仅是晶体的几何特征,而不是构成晶体的具体原子的性质,因此可用位于原子平衡位置的几何点(格点)替代每一个原子,结果得到一个与晶体几何特征相同、但无任何物理实质的几何图形。该几何图形称为晶体格子或简称晶格。在晶格中,所有原子都已被格点所代替。晶格振动便是指原子在格点附近的振动。

晶格振动是研究固体宏观性质和微观过程的重要基础,如晶体的电学性质、光学性质、超导电性、磁性、结构相变等,也是理解弹性波或电磁波在周期结构中传输特性的基础。晶格具有周期性,晶格振动的振型具有波的形式,因而称为格波。我们所考虑的、最重要的是频率 ω 和波数 k 之间的色散关系 $\omega = \omega(k)$ 的形式。下面将通过格波形式来阐述晶格振动。

1.2　一维原子晶格的散射特性

我们以前关于固体中波的讨论总是把固体当作一个连续体,这时固体中的波就是连续介质波,其中波传播频率 $\omega = kc$,k 为波数,c 为波速,这样其频率和波数之间的色散关系即为一直线,如图 1-3 所示。而当把固体看作完全由分立原子组成的整体时,对应于 $k \to 0$ 的长波极限的情形,色散的线性关系 $\omega = kc$ 依然成立,这是因为原子间隔比波长小得多,以致可以把介质作为一个连续体来处理。但当波长 λ 减小、波数 $k = 2\pi/\lambda$ 增加时,晶格的不连续性变得尤为重要,这时原子开始对波产生散射,散射的结果是减小了波速而阻碍波的传播。随着波长减小,散射强度增加,因而波数 k 越大,散射变得越强,波速减小得越多。这对于色散曲线的影响是使曲线向下弯曲,因为曲线的斜率代表了波速,如图 1-3 所示。

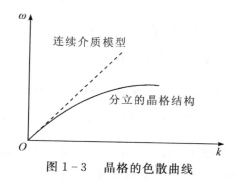

图 1-3　晶格的色散曲线

为了说明原子晶格的散射特性,下面分别探讨一维无限长单原子链晶格的格波散射和一维无限长双原子链晶格的禁带特性。

1.2.1　一维单原子晶格的格波散射

图 1-4 表示最简单的一维原子晶格,当晶格处于平衡时,每个原子严格处在相邻原子距离为 a 的格点位置上,即晶格常数为 a。假设晶格开始沿原子链的方向振动,这时每个原子都偏离它们的平衡位置一个小量。由于原子之间的相互作用,各个原子同时运动,这样整个晶格运动就形成格波。

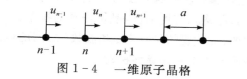

图 1-4　一维原子晶格

假设仅相邻原子间存在相互作用,在小振动近似下其作用力正比于相对位移的弹性恢复力,即相邻原子间的作用力 $F = -\beta\delta$,其中 δ 表示偏离格点的位移量,参量 β 称为原子间的力常数。因而可以设想原子间是由弹簧互相连接起来的。考虑第 n 个原子,第 $(n+1)$ 个原子对它的作用力为 $\beta(u_{n+1} - u_n)$,而第 $(n-1)$ 个原子作用在第 n 个原子上的力是 $\beta(u_{n-1} - u_n)$,其中 u_{n-1}、u_n 和 u_{n+1} 分别代表第 $(n-1)$ 个、第 n 个和第 $(n+1)$ 个原子的位移。应用牛顿第二定律,第 n 个原子的运动方程为

$$m \frac{\mathrm{d}^2 u_n}{\mathrm{d}t^2} = \beta(u_{n+1} - u_n) + \beta(u_{n-1} - u_n)$$

$$= - \beta(2\,u_n - u_{n+1} - u_{n-1}) \tag{1.1}$$

式中：m 为原子的质量。每个原子都对应这样一个方程，若原子晶格有 N 个原子，则有 N 个方程，方程(1.1)就代表着 N 个耦合联立的线性齐次方程。若对有限个原子情形，还必须考虑加在晶格两端原子上的边界条件。

　　这里容易验证方程(1.1)具有如下格波形式的解：

$$u_n = A\,\mathrm{e}^{\mathrm{i}(\omega t - kX_n)} \tag{1.2}$$

式中：X_n 是第 n 个原子的平衡位置，即 $X_n = na$。该形式解代表一行波，表示所有的原子均以相同频率 ω 和振幅 A 振动，但原子的相位是连锁的，即从一个原子到下一个原子相位规则地增加 ka。

　　特别需要注意的是，仅仅因为一维晶格具有平移对称性，即在相同间隔内存在相等质量的原子，方程(1.1)的形式解才是可能的。反之，若原子质量的数值是无规的，或者原子沿原子链无规分布，那么方程的解可望是强的衰减波，而几乎不可能有行波解。

　　将式(1.2)代入方程(1.1)，进一步简化可得到：

$$\omega^2 = \frac{2\beta}{m}(1 - \cos ka) = \frac{4\beta}{m}\sin^2\left(\frac{1}{2}ka\right) \tag{1.3}$$

式(1.3)表示 ω 与 k 之间的色散关系，它与 n 无关，表示 N 个联立方程都可归结为同一个方程。因而只要 ω 与 k 之间满足式(1.3)，式(1.2)就表示了联立方程的解。

　　式(1.2)的格波解与一般连续介质中平面波 $A\,\mathrm{e}^{\mathrm{i}(\omega t - kx)}$ 在形式上是完全类似的。其区别在于连续介质波中 x 表示空间任意一点，且 $k = \omega/c = 2\pi/\lambda$（$\lambda$ 为波长），而在式(1.2)中只取 $X_n = na$ 的周期性排列的格点位置。我们注意到，如果在式(1.3)中把 ka 改变 2π 整数倍，所有原子的振动实际上完全没有任何不同，这表明 ka 可以限制在 $-\pi < ka \leqslant \pi$ 范围内，而 k 则取为 $-\pi/a < k \leqslant \pi/a$。这个范围以外的 k 值并不能提供其他不同的波，如图 1-5 所示。因而格波与连续介质波一个重要的区别就在于由结构周期性所导致的波数 k 的涵义。

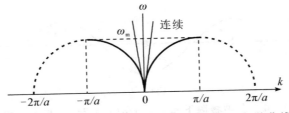

图 1-5　一维原子晶格的 ω 对 k 的周期性色散曲线

下面将更详细地讨论色散曲线或(1.3)所具有的重要而新奇的特征,它们不仅适用于一维晶格,也可以推广应用到二维及三维晶格上。

1. 长波极限

当波数 $k \to 0$,即 $\lambda \to \infty$ 时,色散关系式(1.3)可近似为 $\omega = \pm ka\sqrt{\beta/m}$,即 ω 与 k 之间是线性关系(如图 1-5 中从原点出发的左右两条射线),这时晶格运动如同一个弹性连续体,原子实际上彼此同相位运动,如图 1-6(a) 所示。这样一方面近邻作用对原子产生的恢复力很小,另一方面原子整体质量增加,因而对于 k 小,ω 也小。事实上当 $k = 0$,$\lambda \to \infty$ 时,整个晶格就像一个刚体一样运动,此时原子间恢复力为零,这就解释了为什么在 $k = 0$ 处 $\omega = 0$。这种情形类似于连续介质波的情况,当晶格常数为 a 的相邻原子相对位移为 δ 时,相对伸长为 δ/a,相互作用力可以写成 $\beta\delta = \beta a(\delta/a)$,这表明 βa 为原子晶格的伸长模量。因而声速 $c = \sqrt{\text{伸长模量}/\text{密度}} = \sqrt{\beta a/(m/a)} = a\sqrt{\beta/m}$,其中一维原子链的线密度为 m/a,也就是说这里得到的长波极限正是原子链中弹性波的情形,因此当波长很大时,可以把晶格看成连续介质。

另一方面,如图 1-5 所示,当 k 增加时,色散曲线开始偏离直线向下弯曲,最后在 $k = \pm\pi/a$ 处 ω 达到最大,最大频率 $\omega_\mathrm{m} = 2\sqrt{\beta/m}$。由于 ω_m 与 $\sqrt{m}$ 成反比,这个频率对于力常数和原子质量的依赖关系正是我们对简谐振子所期望的关系。此时 $\lambda = 2a$,从图 1-6(b) 可见,此时近邻原子的相位相反,所以恢复力和频率取极大值。

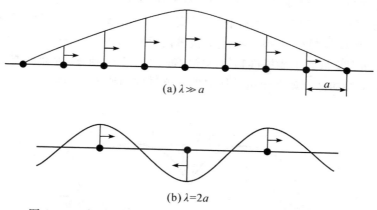

(a) $\lambda \gg a$

(b) $\lambda = 2a$

图 1-6　长波极限下和 $k = \pi/a(\lambda = 2a)$ 处的原子位移

2. 格波的布拉格反射

当任意一种波受到周期性结构的散射时,可能会出现这样一种情况,即周期性结构的周期为波的半波长的整数倍时,波就会受到强烈作用而大大改变其原来的性质。这个条件就是下面的相长干涉条件,即布拉格定律:

$$n\lambda = 2a\cos\phi \tag{1.4}$$

式中:λ 为入射波波长;a 为沿晶面法线方向的晶格常数;ϕ 为入射波与晶面法线的夹角。

为了进行深入分析,这里先介绍相速度和群速度的概念。对于任意的色散关系,相速度为 $v_p = \omega/k$,群速度为 $v_g = \partial\omega/\partial k$。这些速度的物理差异是,$v_p$ 是精确给定频率 ω 和波矢 k(晶格的各向异性导致不同方向的波数是不同的)的一个纯波动的传播速度,而 v_g 指的是波包速度,即平均频率为 ω 和平均波矢为 k 的波脉冲的速度。

对于一维晶格,在长波极限情形,$\omega = v_p k = v_g k$,点阵的行为像一个连续体,没有色散发生。从图 1-5 可见,当 k 增加时,色散曲线的斜率即 v_g 在稳定减小,且在 $k = \pi/a$ 处减小到 $v_g = 0$,此时 $\lambda = 2a$。如在图 1-7 中所示,当 $\lambda = 2a$ 时,被相邻原子反射的子波相位相差 π,但是当被格点 B 反射的子波与被格点 A 反射的子波到达 C 点时,它们的相位相同(这点也适用于其他的所有子波),则各格点对波的反射作用互相增强,此时所有反射的子波产生相长干涉,使前进波受到很大干扰,结果反射达极大值。事实上,根据布拉格定律,仅在相邻的两条反射线的路程差为波长的整数倍时,干涉才是相长的,即 $\lambda = 2a$ 满足布拉格相长干涉条件。由于反射波如此之强,以致当它和入射波相遇时形成驻波,因而在 $k = \pi/a$ 处其群速度为零。当入射波的波长与 $2a$ 不满足式(1.4)时,各格点对波的反射有各种相位,其结果互相抵消,因而这种波可以在晶体中自由穿行而不受任何阻碍,可以说波感受不到周期晶格的存在。布拉格反射是波在周期晶格中传播的一个重要特性。这是入射场的波动性和晶格周期性相互作用的结果,与场的特殊性质 —— 电磁场还是声场并无关系。

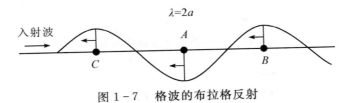

图 1-7　格波的布拉格反射

3. 波矢 k 空间的对称性

图 1-5 的色散曲线具有一些对称特征:其一,在 k 空间中是周期性的;其二,关于原点的反射是对称的。这些对称性可以从晶格的平移对称性直接得到。

首先考虑周期对称性,色散关系(1.3)表明在 k 空间中 $\omega(k)$ 是周期性的,周期为 $2\pi/a$,即 $\omega(k+2\pi n/a)=\omega(k)$,其中 n 为任意整数。也就是说,在分立晶格中,一定的波矢 k 可以存在无数等价的波,它们在 k 空间中以平移 $2\pi n/a$ 而相互关联,由于每一个 k 都有一相应的波长,因而对应的波长并不是唯一的。为了使用唯一的 k,也即唯一的波长 λ 来标志一个波动,我们就必须在 k 空间选择一段长度等于周期 $2\pi/a$ 的间隔。原则上这种选择是完全任意的,但选取 $-\pi/a<k<\pi/a$ 最便利,这种选择将使 λ 具有与一组给定的原子位移一致的最大可能值。事实上 $-\pi/a<k<\pi/a$ 的区域是一维晶格的第一布里渊区,这点将在后面深入讨论。

其次是 k 空间的反射对称性,即 $\omega(-k)=\omega(k)$。模式 $k>0$ 代表晶格中的右行波,模式 $-k$ 代表相同波长的左行波,因为晶格在这两个方向上是等价的,它必以相同的形式对两列波作出反应,因而相应的频率也必须相同。

1.2.2　一维双原子晶格的禁带特性

现在考虑一维双原子晶格,它是最简单的复式晶格:每个单元由质量为 m_1 和 m_2 的两种原子组成(假设 $m_1>m_2$)。除了具有单原子晶格的特征外,它也表现出自身特有的重要特征。如图 1-8 所示,原子限制在沿链的方向运动,第 $2n$ 个偏离格点的位移用 u_{2n} 表示,第 $2n+1$ 个偏离格点的位移用 u_{2n+1} 表示,依此类推,两个相邻原子的距离为 a,单元之间晶格常数为 $2a$。类比一维单原子链的力学分析,在此依然假设只有相邻原子间存在线性相互作用力,因为有两种不同类型的原子,可得如下两个耦合运动方程:

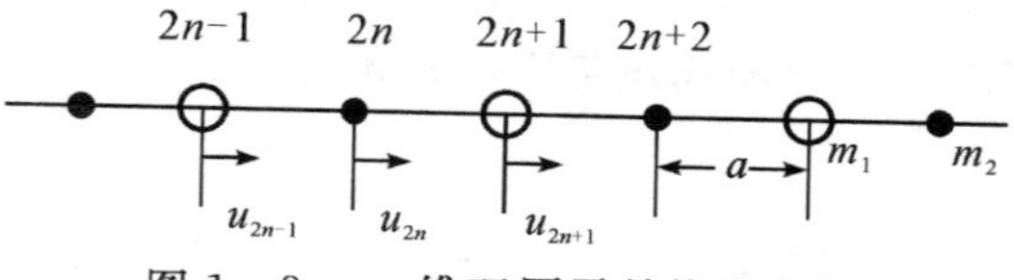

图 1-8　一维双原子晶格示意图

$$\begin{cases} m_1 \ddot{u}_{2n+1} = -\beta(2\,u_{2n+1} - u_{2n+2} - u_{2n}) \\ m_2 \ddot{u}_{2n} = -\beta(2\,u_{2n} - u_{2n+1} - u_{2n-1}) \end{cases} \qquad (1.5)$$

式中:n 是整数编号,所有质量为 m_1 原子的位移编号用奇数,而所有质量为 m_2 原子的位移编号用偶数。

当双原子链包含 N 个单元（即有 N 个 m_1 原子和 N 个 m_2 原子）时,式(1.5)实际代表 $2N$ 个方程的联立方程组。这个方程组具有下列形式的格波解:

$$\begin{bmatrix} u_{2n+1} \\ u_{2n} \end{bmatrix} = \begin{bmatrix} A_1 e^{-ikX_{2n+1}} \\ A_2 e^{-ikX_{2n}} \end{bmatrix} e^{i\omega t} = \begin{bmatrix} A_1 e^{-ik(2n+1)a} \\ A_2 e^{-ik(2na)} \end{bmatrix} e^{i\omega t} \tag{1.6}$$

注意所有质量为 m_1 的原子具有相同的振幅 A_1,所有质量为 m_2 的原子具有相同的振幅 A_2。将格波解(1.6)代入式(1.5),直接化简后,得到:

$$\begin{bmatrix} m_1\omega^2 - 2\beta & 2\beta\cos(ka) \\ 2\beta\cos(ka) & m_2\omega^2 - 2\beta \end{bmatrix} \begin{bmatrix} A_1 \\ A_2 \end{bmatrix} = 0 \tag{1.7}$$

矩阵方程(1.7)与 n 无关,表明所有联立方程对于格波形式的解(1.6)都可归结为同一个方程组。因为该矩阵方程是线性齐次的,仅当式(1.7)中系数矩阵的行列式为零时才存在非零解,由此得久期方程

$$\begin{vmatrix} m_1\omega^2 - 2\beta & 2\beta\cos(ka) \\ 2\beta\cos(ka) & m_2\omega^2 - 2\beta \end{vmatrix} = 0 \tag{1.8}$$

这是关于 ω^2 的二次型方程,它的两个根是

$$\omega_\pm^2 = \frac{\beta(m_1 + m_2)}{m_1 m_2} \pm \beta\sqrt{\left(\frac{1}{m_1} + \frac{1}{m_2}\right)^2 - \frac{4\sin^2(ka)}{m_1 m_2}} \tag{1.9}$$

式(1.9)中的正、负号表明,双原子晶格有两条或两支色散曲线。

由格波解(1.6)可知相邻单元之间的相位差为 $2ka$,当把 $2ka$ 改变 2π 的整数倍时,所有原子的振动实际上完全相同,这表明 k 的取值只需限制在一个确定范围 $-\pi < 2ka \leqslant \pi$ 即 $-\pi/2a < k \leqslant \pi/2a$,这个范围以外的 k 值并不能提供其他不同的波。这个范围就是一维双原子链的布里渊区,本章1.3节将对此进行深入阐述。

把式(1.9)的两个解代回式(1.7),可求出分别对应这两个解的 A_1 和 A_2 的比值:

$$\left(\frac{A_2}{A_1}\right)_+ = -\frac{m_1\omega_+^2 - 2\beta}{2\beta\cos(ka)} \tag{1.10a}$$

$$\left(\frac{A_2}{A_1}\right)_- = -\frac{m_1\omega_-^2 - 2\beta}{2\beta\cos(ka)} \tag{1.10b}$$

由上式可知,尽管格波解可以有任意的振幅和相位,但两个不同原子振动的振幅比和相位差是确定的。

图 1-9 表示了 $-\pi/2a < k \leqslant \pi/2a$ 范围内的两条色散曲线,其中与式(1.9)中负号相对应的较低曲线是声学支,而与正号相对应的较高曲线是光学支。声

学支和光学支的命名主要是由它们在长波极限 $k \approx 0$ 时的性质决定的。

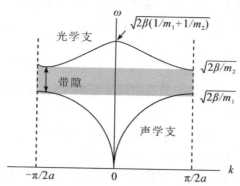

图 1 - 9　双原子晶格的两条色散曲线及频率带隙

　　声学支和单原子晶格色散曲线是相似的,在原点($k = 0$、$\omega = 0$)处,由式(1.10b)可知 $A_1 = A_2$,表明在长声学波时单元中两种原子的运动是完全一致的,振幅和相位都没有差别。当 $k \rightarrow 0$ 时,由式(1.9)可得 $\omega_- \approx ka\sqrt{2\beta/(m_1 + m_2)}$,这时频率正比于波数,即长声学波就是把一维链看作连续介质时的弹性波,这也是其称为声学支的原因。当 k 继续增加时,两种原子仍然彼此近似做同相位运动,此时 ω 增加的速率减小,最后在 $k = \pm\pi/a$ 处达到极大值,其相应的频率为 $\sqrt{2\beta/m_1}$。

　　对于光学支,在 $k = 0$ 处,其相应频率 $\omega = \sqrt{2\beta(1/m_1 + 1/m_2)}$,将其代入式(1.10a)得 $A_2/A_1 = -m_1/m_2$,表明两种原子的振动具有完全相反的相位,长光学波的极限实际上是两种原子在格点处的相对振动,且振动中保持它们的质心不变。随着 k 的增加,双原子振动频率 ω 缓慢减小,直至 $k = \pm\pi/a$ 时,$\omega = \sqrt{2\beta/m_2}$ 达到极小值。因为在整个 k 区域内,原子仍然彼此以近似为 π 的相位差做振动,频率减小不大。

　　此外,声学支顶部和光学支底部之间的频率范围是能量带隙,表明双原子晶格不可能传输此频率带隙内的波,即禁带特性,这时双原子晶格就具有滤波器的功能。

1.3　三维晶格的基本概念

　　一维双原子链的模型已较全面地表现了晶格振动的基本特征,这一节将拓展到二维和三维晶格的振动情况。

1.3.1　三维晶格的原胞和基矢

三维晶格通常用原胞和基矢来描述晶格的周期性。晶格的原胞是指晶格中最小的重复单元，三维晶格的原胞通常是一个平行六面体。原胞的选取一般是不唯一的，原则上只要是最小周期性单元都可以，但实际上各种晶格结构已有原胞选取的习惯方式[5]。晶格基矢是指原胞的边矢量，一般用 3 个不共面的矢量 $\boldsymbol{\alpha}_1$、$\boldsymbol{\alpha}_2$、$\boldsymbol{\alpha}_3$ 表示成笛卡儿坐标系 3 个方向单位矢量 $\boldsymbol{i}$、$\boldsymbol{j}$、$\boldsymbol{k}$ 的线性组合形式。

图 1-10 表示了边长为 a 的简单立方晶格和面心立方晶格的原胞及其基矢，其中图（a）中简单立方晶格的立方单元就是最小的周期性单元，通常就选取它为原胞，且 3 个基矢可以写成：$\boldsymbol{\alpha}_1 = a\boldsymbol{i}$、$\boldsymbol{\alpha}_2 = a\boldsymbol{j}$、$\boldsymbol{\alpha}_3 = a\boldsymbol{k}$；图（b）中面心立方晶格的立方单元不是最小的周期性单元，但可以由 1 个立方体顶点到 3 个近邻的面心引晶格基矢 $\boldsymbol{\alpha}_1$、$\boldsymbol{\alpha}_2$、$\boldsymbol{\alpha}_3$，以 3 个基矢为边导出相应的原胞，这时 3 个基矢可以分别写成：$\boldsymbol{\alpha}_1 = a(\boldsymbol{i} + \boldsymbol{j})/2$、$\boldsymbol{\alpha}_2 = a(\boldsymbol{j} + \boldsymbol{k})/2$、$\boldsymbol{\alpha}_3 = a(\boldsymbol{i} + \boldsymbol{k})/2$。

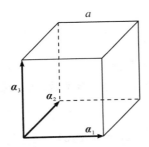
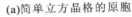
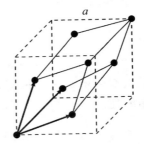

（a）简单立方晶格的原胞　　　　　　　　（b）面心立方晶格的原胞

图 1-10　简单立方晶格和面心立方晶格的原胞及其基矢

晶格又分为简单晶格和复式晶格两种类型。在简单晶格中，每一个原胞中只包含一个格点；在复式晶格中，每一个原胞包含两个或多个格点。前面讲到的一维单原子晶格即为简单晶格，一维双原子晶格即为最简单的复式晶格。

对于简单晶格，当把坐标原点选在某一原子位置处，每个原子的位置坐标 $\boldsymbol{R}$ 都可以写成下面形式：

$$\boldsymbol{R} = l_1 \boldsymbol{\alpha}_1 + l_2 \boldsymbol{\alpha}_2 + l_3 \boldsymbol{\alpha}_3 \tag{1.11}$$

式中：$\boldsymbol{\alpha}_1$、$\boldsymbol{\alpha}_2$、$\boldsymbol{\alpha}_3$ 为晶格基矢；l_1、l_2、l_3 为一组整数。

对于复式晶格，每个原子的位置坐标可以写成如下形式：

$$\boldsymbol{R} = \boldsymbol{r}_n + l_1 \boldsymbol{\alpha}_1 + l_2 \boldsymbol{\alpha}_2 + l_3 \boldsymbol{\alpha}_3, n = 1, 2, \cdots, m \tag{1.12}$$

式中,r_n 表示原胞内各种等价原子之间的相对位移(设有 m 种不等价原子)。

1.3.2　三维晶格的倒格矢

由于晶格的空间周期性,不论简单或复式晶格,晶格中 r 点和 $r+R$ 点的情况完全相同,因为它们表示两个原胞中相对应的点。如用 $f(r)$ 表示晶格中 r 点某一物理量,例如弹性介质中的密度、Lamé(拉梅)常数等物理量或介电常数等,则有

$$f(r) = f(r+R) = f(r+l_1 \boldsymbol{\alpha}_1 + l_2 \boldsymbol{\alpha}_2 + l_3 \boldsymbol{\alpha}_3) \tag{1.13}$$

上式表示 $f(r)$ 是以 $\boldsymbol{\alpha}_1$、$\boldsymbol{\alpha}_2$、$\boldsymbol{\alpha}_3$ 为周期的三维周期函数。

而根据傅里叶级数展开:

$$f(r) = \sum_G F(G) \, \mathrm{e}^{iG \cdot r} \tag{1.14}$$

$$f(r+R) = \sum_G F(G) \, \mathrm{e}^{iG \cdot r} \, \mathrm{e}^{iG \cdot R} \tag{1.15}$$

式中:$F(G)$ 为平面波展开系数;G 为与晶格位置对应的矢量。要使式(1.14)和式(1.15)相等,只能有:

$$\mathrm{e}^{iG \cdot R} = 1 \tag{1.16}$$

这样,

$$G \cdot R = N2\pi \quad (N \text{ 为整数}) \tag{1.17}$$

设波矢 $G = n_1 b_1 + n_2 b_2 + n_3 b_3$,其中 n_1、n_2、n_3 为一组整数,为了满足上式,只要构造 b_j 使

$$\boldsymbol{\alpha}_i \cdot \boldsymbol{b}_j = 2\pi \, \delta_{ij} = \begin{cases} 2\pi, i = j \\ 0, i \neq j \end{cases} (i,j=1,2,3) \tag{1.18}$$

考虑到对于任何矢量 x、y 和 z,都有 $x \cdot (y \times z) = z \cdot (x \times y) = y \cdot (z \times x)$,且 $x \cdot (x \times y) \equiv 0$。因而可由基矢 $\boldsymbol{\alpha}_1$、$\boldsymbol{\alpha}_2$、$\boldsymbol{\alpha}_3$ 构造出 b_j 如下:

$$b_1 = 2\pi \frac{\boldsymbol{\alpha}_2 \times \boldsymbol{\alpha}_3}{\boldsymbol{\alpha}_1 \cdot [\boldsymbol{\alpha}_2 \times \boldsymbol{\alpha}_3]}$$

$$b_2 = 2\pi \frac{\boldsymbol{\alpha}_3 \times \boldsymbol{\alpha}_1}{\boldsymbol{\alpha}_1 \cdot [\boldsymbol{\alpha}_2 \times \boldsymbol{\alpha}_3]} \tag{1.19}$$

$$b_3 = 2\pi \frac{\boldsymbol{\alpha}_1 \times \boldsymbol{\alpha}_2}{\boldsymbol{\alpha}_1 \cdot [\boldsymbol{\alpha}_2 \times \boldsymbol{\alpha}_3]}$$

式中:b_1、b_2、b_3 为倒格子基矢量;G 为倒格子矢量,简称倒格矢。正如以 $\boldsymbol{\alpha}_1$、$\boldsymbol{\alpha}_2$、$\boldsymbol{\alpha}_3$ 为基矢可以构成晶格正格子一样,以 b_1、b_2、b_3 为基矢也可以构成一个平行六面体,这个平行六面体称为倒原胞(或倒易原胞),将倒原胞在三维空间重复就得到倒格子。倒格子的节点称为倒格点(或倒易阵点),常将由倒格子基矢所构成

的空间称为倒格矢空间(或倒空间)。

实际上,晶体结构本身就是一个具有晶格周期性的物理量,所以也可以说:倒易格子是晶体格子的傅里叶变换,晶体格子则是倒易点阵的傅里叶逆变换。因此,正格子的量纲是长度,称作坐标空间或实空间;倒格子的量纲是长度的倒数,与波数矢量有相同的量纲。

对于周期为 T 的一维晶格格子,其基矢 $\boldsymbol{a} = T\boldsymbol{i}$,倒格矢 $\boldsymbol{G} = 2\pi/\boldsymbol{a}$,$\boldsymbol{G}$ 平行于基矢 $\boldsymbol{a}$。对于基矢为 $(\boldsymbol{\alpha}_1, \boldsymbol{\alpha}_2)$ 的二维矩形晶格,图 1 - 11 表示其二维格子(实空间)及倒格子(倒格矢空间),其倒格矢 $\boldsymbol{G} = (\boldsymbol{b}_1, \boldsymbol{b}_2) = (2\pi/\boldsymbol{\alpha}_1, 2\pi/\boldsymbol{\alpha}_2)$。这里需注意,在一维和二维晶格情况,定义倒格子的式(1.18)不适用,因为矢量的叉积仅在三维空间有定义,这时我们可用式(1.17)来定义其倒格子。

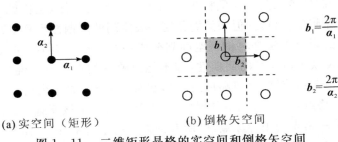

(a) 实空间 (矩形)　　　　(b) 倒格矢空间

图 1 - 11　二维矩形晶格的实空间和倒格矢空间

类似地,可以确定一个体心立方的倒格子是一个面心立方格子,反之亦然。事实上,倒格子本身就是一种格子,且具有与正格子相同的旋转对称性,因而倒格子属于与正格子相同的晶系。

1.3.3　三维晶格的布里渊区

由于晶格排列的周期性,晶体中许多物理性质都具有平移对称性,即具有以正格矢为周期的周期性。

根据 Bloch(布洛赫)定理,在晶体中受周期势场调制、散射和影响的波函数具有如下性质:

$$\varphi_k(\boldsymbol{r} + \boldsymbol{R}) = e^{i\boldsymbol{k} \cdot \boldsymbol{R}} \varphi_k(\boldsymbol{r}) \tag{1.20}$$

式中:k 为一矢量。上式表明当平移晶格矢量 $\boldsymbol{R}$ 时,波函数只增加了相位因子 $\exp(i\boldsymbol{k} \cdot \boldsymbol{R})$。因而可以把波函数写成平面波与周期函数乘积的形式:

$$\varphi_k(\boldsymbol{r}) = e^{i\boldsymbol{k} \cdot \boldsymbol{r}} u_k(\boldsymbol{r}) \tag{1.21}$$

其中 $u_k(\boldsymbol{r})$ 具有与晶格同样的周期性,即

$$u_k(\boldsymbol{r} + \boldsymbol{R}) = u_k(\boldsymbol{r}) \tag{1.22}$$

式(1.20)表达的波函数称为 Bloch 函数。

Bloch 波在正格空间是调制平面波,虽然除相位因子外,这种波的振幅在每个原胞内都相同,但它却并不是以正格矢为周期的周期函数。然而在倒格矢空间,如将 Bloch 波利用傅里叶级数展开并注意求和遍及所有倒格矢,则有:

$$\varphi_{k+G}(\boldsymbol{r}) = \mathrm{e}^{\mathrm{i}(k+G)\cdot r} u_{k+G}(\boldsymbol{r}) = \mathrm{e}^{\mathrm{i}k\cdot r} \sum_{G_1} U(\boldsymbol{G}_1) \, \mathrm{e}^{\mathrm{i}(G_1+G)\cdot r}$$

$$= \mathrm{e}^{\mathrm{i}k\cdot r} \sum_{G_1-G} U(\boldsymbol{G}_1-\boldsymbol{G}) \, \mathrm{e}^{\mathrm{i}G_1\cdot r} = \mathrm{e}^{\mathrm{i}k\cdot r} u_k(\boldsymbol{r}) = \varphi_k(\boldsymbol{r}) \quad (1.23)$$

式(1.23)表明 Bloch 波在倒格矢空间中是以倒格矢为周期的周期函数,即波矢 $\boldsymbol{k}$ 和波矢 $\boldsymbol{k}+\boldsymbol{G}$ 对应了相同的振动模态。当在原胞中把波矢 $\boldsymbol{k}$ 增加到波矢 $\boldsymbol{k}+\boldsymbol{G}$ 时,原胞之间的相位则增加 $\boldsymbol{G}\cdot\boldsymbol{R} = N2\pi$,因而周期性的重复不会引入新的状态。同时这些波的色散关系在倒格矢空间也应具有周期性,这样就可以把它们约化到一个原胞中来讨论,但如何划分倒格矢空间的周期性重复单元?

最简单的划分方法是将倒格空间划分成一些平行六面体,即倒原胞。这种方法虽然能反映色散关系的周期性,却不能反映它的点群对称性(指所有可能使基元保持不变的旋转、反演和反对称),比如,一个倒原胞内的代表点经过一个以原点(倒格点)为中心的对称操作后,常常不再位于该原胞中。为此,在倒易点阵中,以某一格点为坐标原点,做所有倒格矢的垂直平分面,倒易空间被这些平面分成许多包围原点的多面体区域,这些区域称作布里渊区。

布里渊区能较好地反映晶体平移对称性和点群对称性的特点,在研究晶格和波相互作用时十分有用。由于布里渊区表面具有和倒格空间的周期性和对称性有关的特殊对称性质,即布里渊区具有垂直于其表面的反射对称性,因此,波矢 $\boldsymbol{k}$ 位于布里渊区边界的波的群速度的法向分量应等于零,这种波不能进入布里渊区而成为布里渊区内的状态,即不能成为能在晶体中传播的行波,而只能是驻波。当波矢状态点通过布里渊区边界时,本征能量一般要发生跃变,这样波矢在布里渊区边界上色散关系要发生断裂。这说明波矢位于布里渊区边界是波产生布拉格反射的条件。

图 1-12(彩图见书后插页)表示了二维正方形晶格的倒格矢空间及其布里渊区,其中图(c)画出了倒格矢空间中原点和所有倒格子的格矢 $\boldsymbol{G}$ 之间连线的垂直平分面(也叫布拉格面),这样倒格矢空间就被分割成许多区域,在每个区域内本征能量是连续变化的,但在这些区域的边界处本征能量将发生突变。图(d)表示了第一、第二及第三布里渊区,第一布里渊区定义为由原点的 4 个第一近邻倒易点阵矢量的中垂线包围而成的封闭区域,在这个区域内部没有任何的布拉格面通过,因而它必是由布拉格面所封闭的最小体积;第二布里渊区定义

为倒易点阵中由若干个布拉格面包围起来的一些小块所组成的区域,要求这些小块的边界面(即布拉格面)要包括第一布里渊区所有的边界面,并且在其内部没有任何布拉格面通过;第三布里渊区定义为倒易点阵中由若干个布拉格面包围起来的一些小块所组成的区域,要求这些小块的边界面要包括第二布里渊区中除去它与第一布里渊区的共同边界以外的所有的边界面,并且在其内部没有任何布拉格面通过。可以证明,每个布里渊区的体积是相等的,等于倒格子原胞的体积。

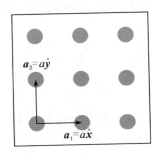

(a) 正方晶格

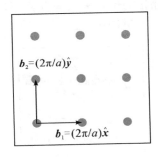

(b) 倒格矢空间

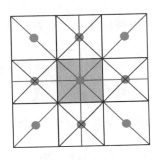

(c) 倒格矢的垂直平分面

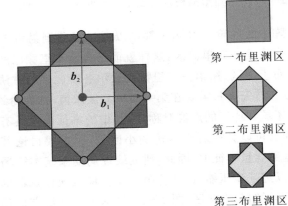

(d) 布里渊区划分(第一、第二及第三布里渊区)

图 1-12 正方形晶格及其倒格矢空间和布里渊区

布里渊区在图中看来被分割为不相连的若干小区,但实际上属于一个布里渊区的能级构成一个能带,不同的布里渊区对应不同的能带。除第一布里渊区是整块的,其他各阶布里渊区都由若干小块组成,这些小块由它们的边界面之间的交线互相串接,并把原点封闭起来,这表示各个区中各状态点所对应的波矢在各个方向都是存在的。原点是各阶布里渊区的对称中心,在同一个布里渊区中,只要有一点所对应的波矢为k,必有另外一点对应的波矢为$(-k)$。同样,如果波矢k相应的一个点属于某阶布里渊区,则波矢$(-k)$相应的一个点也必属于这个布里渊区。这两种状态对应的本征能量是相同的,故是简并的状态。各个布里渊区的形状虽然不同,但它们都反映了倒易点阵对称性的特点,对称性愈高,简并度也愈高。

图 1-13 表示三角形晶格的倒格矢空间及其布里渊区,其中最靠近原点的平面所围成的区域称作第一布里渊区。

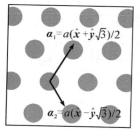
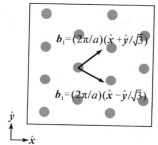
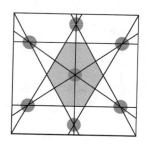

图 1-13　　三角形晶格及其倒格矢空间和布里渊区

一般的倒易点阵中的各阶布里渊区都可以通过平移倒易点阵矢量将它们的各个小块平移并合成第一布里渊区,这样就能把各阶布里渊区所对应的各阶能带也平移到第一布里渊区。用第一布里渊区表示各阶能带的方法称为简约能区表示法,这样 Bloch 波矢 k 只需要在第一布里渊区取值,称为简约波矢。

由于晶格同时还具有特定的点群对称性,其中的本征场也具有相同的对称性,这样简约布里渊区可以分成若干等价的小区域。只需要讨论其中一个等价区域,就可以得到全部能量本征值。因此,研究线性周期系统本征场时,Bloch 波矢 k 的取值范围可以进一步压缩。通常将第一布里渊区通过点群的对称操作得到的最小区域称为不可约布里渊区。图 1-14 显示了二维正方形晶格第一布里渊区通过对称操作后得到的不可约布里渊区,图中 Γ 表示布里渊区中心,X 和 M 分别表示面心和边界中心。图(a)中由于布里渊区上下对称,因而可只考虑上半部分(如图(b)所示);图(b)中由于左右对称,可只考虑右半部分(如图(c)所示);图(c)中由于上下三角沿对角线对称,因而可只考虑下三角 ΓXM 部分,这样就得到二维正方形晶格的不可约布里渊区,其面积只有第一布里渊区面积的 1/8。

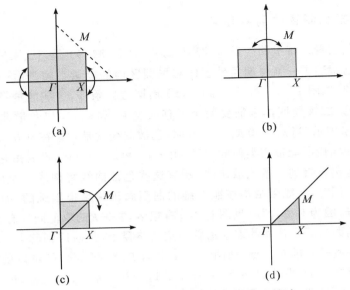

图 1-14　正方形晶格第一布里渊区通过
对称操作得到的不可约布里渊区

　　图 1-15 给出了三维简单立方晶格的简约布里渊区和不可约布里渊区,图中 R 表示布里渊区的角点,Γ、X、M 是不可约布里渊区的顶点,也是布里渊区的高对称点。这里简约布里渊区通过对称操作可以分割成 48 个等价区域,其中任何一个都可作为不可约布里渊区,此简约布里渊区的 1/48 体积称为简约布里渊区的不可约体积。

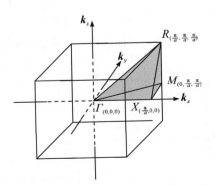

图 1-15　三维简单立方晶格的简约
布里渊区和不可约布里渊区

1.3.4 布里渊区的高对称点

下面我们看看布里渊区里面的高对称点（Γ、X、M 等）是怎么来的。

前面已阐述了一维周期条件下的布里渊区内的能量带隙是由一条条色散曲线构成的（见图 1-9）。对于二维（X,Y）周期边界条件，这些能量带隙是由面和面构成的。二维周期体系需要两个平移矢量 k_x 和 k_y，所以色散曲线可以用 $\omega(k_x,k_y)$ 来表示。当 $k_x = 0$ 或 $k_y = 0$ 时，色散曲线就是一条在 y 方向或 x 方向上与一维周期情况能带相类似的曲线。由于 k_x 和 k_y 是矢量，沿着由它们组合成的任一矢量仍可得到一条色散曲线，所有这些色散曲线将构成一个面。我们在作能带结构图时，将能带结构按照二维的曲面画出来是很困难的，而三维的情况更加困难。因为对称操作（见图 1-14）有很多，波矢 k 的取值同样有很多，所以一个可行的办法就是让 k 的取值沿着一定的路径走，最后回到起点。这样，我们只要选择一些较高的对称点（如图 1-14 中的 Γ、X、M 等），就可以确定这个路径。如按照图 1-14 中的 $\Gamma \rightarrow X \rightarrow M \rightarrow \Gamma$ 这个路径走，就可以得到一个反映布里渊区上的能带曲面的二维能带结构。具体的二维晶格的能带图展开示意图如图 1-16 所示，三维晶格的能带图展开示意图如图 1-17 所示。

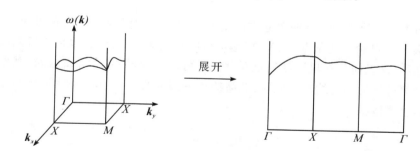

图 1-16 二维晶格的能带图按照高对称点展开

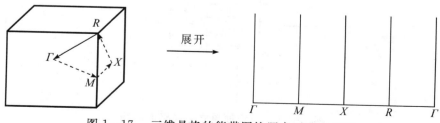

图 1-17 三维晶格的能带图按照高对称点展开

1.4　光子晶体禁带特性

前面讲述的晶体都是自然结构,电子波在此种周期性结构中满足布拉格全反射条件传播时会产生禁带特性。类比于电子波由于周期势场的作用所产生的能带以及带与带之间的能隙结构,当电磁波在周期性结构中传播时是否也具有禁带特性?这就是下面要介绍的光子晶体禁带特性。

对于电磁波,把介电常数呈周期分布的材料或结构称为光子晶体。光子晶体因为不同折射率的介质在空间周期排布,也能产生一系列的带结构。当这一空间的周期尺寸与光波波长相近时,所产生的布拉格散射能在一定频率范围内导致"光子禁带"的产生。在此禁带范围内,光波将无法在介质中进行传播。

图 1-18(a)、(b)、(c) 分别表示一维、二维和三维光子晶体结构,其中一维表示该晶体结构只在一个方向具有周期性,二维和三维则分别表示在两个和三个方向都具有周期性。

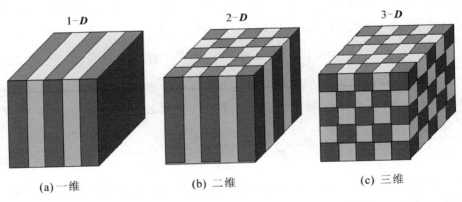

图 1-18　一维、二维和三维光子晶体结构示意图

为了研究电磁波在光子晶体中的传播特性,我们先从下面微分形式的麦克斯韦方程组入手:

$$\nabla \cdot \boldsymbol{D} = \rho, \nabla \times \boldsymbol{E} = -\partial \boldsymbol{B}/\partial t \tag{1.24a}$$

$$\nabla \cdot \boldsymbol{B} = 0, \nabla \times \boldsymbol{H} = \boldsymbol{J} + \partial \boldsymbol{D}/\partial t \tag{1.24b}$$

式中:微分算符 $\nabla = \boldsymbol{x}_0(\partial/\partial x) + \boldsymbol{y}_0(\partial/\partial y) + \boldsymbol{z}_0(\partial/\partial z)$ 称为 Hamilton 算符(哈密顿算符);$\boldsymbol{x}_0$、$\boldsymbol{y}_0$、$\boldsymbol{z}_0$ 分别为 x、y 和 z 坐标轴的单位矢量;$\boldsymbol{D}$、$\boldsymbol{E}$、$\boldsymbol{B}$、$\boldsymbol{H}$ 分别表示电感强度(电位移矢量)、电场强度、磁感强度和磁场强度;ρ 和 $\boldsymbol{J}$ 分别表示自由电荷

和传导电流。

对于各向同性线性材料，D 和 E、B 和 H 有如下简单关系：

$$D = \varepsilon_0 \varepsilon E \tag{1.25a}$$

$$B = \mu H \tag{1.25b}$$

式中：真空介电常数 ε_0、相对介电常数 ε 和磁导率 μ 都是标量。对于非磁性材料，$\mu \approx \mu_0$，μ_0 为真空磁导率，光速 $c = 1/\sqrt{\varepsilon_0 \mu_0}$。

对于光子晶体中周期分布的介电材料，其中没有自由电荷或传导电流通过，即 $\rho = J = 0$，这种情况下麦克斯韦方程组可简化为：

$$\nabla \cdot \varepsilon(r) E(r,t) = 0, \nabla \times E(r,t) + \mu_0 \partial H(r,t)/\partial t = 0 \tag{1.26a}$$

$$\nabla \cdot H(r,t) = 0, \nabla \times H(r,t) - \varepsilon_0 \varepsilon(r) \partial E(r,t)/\partial t = 0 \tag{1.26b}$$

对于时谐运动，我们有 $H(r,t) = H(r)\exp(i\omega t)$，$E(r,t) = E(r)\exp(i\omega t)$，其中 ω 为角频率，i 为虚数单位。这样就得到：

$$\nabla \times E(r) + i\omega \mu_0 H(r) = 0 \tag{1.27a}$$

$$\nabla \times H(r) - i\omega \varepsilon_0 \varepsilon(r) E(r) = 0 \tag{1.27b}$$

为了对方程（1.27a）和（1.27b）进行解耦，先对方程（1.27b）两边除以 $\varepsilon(r)$，再进行叉乘运算，并利用（1.27a）消掉 $E(r)$，最终得到：

$$\nabla \times \left(\frac{1}{\varepsilon(r)} \nabla \times H(r) \right) = \left(\frac{\omega}{c} \right)^2 H(r) \tag{1.28}$$

上式是关于 $H(r)$ 的控制方程。对于给定相对介电常数 $\varepsilon(r)$ 的光子晶体，可通过求解式（1.28）得到某一频率下的磁场模态。再通过求解方程（1.27b）得到 $E(r)$，即

$$E(r) = \frac{\nabla \times H(r)}{i\omega \varepsilon_0 \varepsilon(r)} \tag{1.29}$$

事实上，求解式（1.28）就是一个特征值求解问题，其中特征值 $(\omega/c)^2$ 对应特征态 $H(r)$。

1.4.1　一维光子晶体的禁带机理

图 1-19（彩图见书后插页）表示周期为 a 的一维光子晶体示意图，每个周期由介电常数 ε_1、厚度 a_1 和介电常数 ε_2、厚度 a_2 的两种不同材料组成。由式（1.28）可知，该结构中磁场强度大小 $H(x)$ 的控制方程为

$$\frac{d}{dx}\left[\frac{1}{\varepsilon(x)} \frac{dH}{dx} \right] = \left(\frac{\omega}{c} \right)^2 H \tag{1.30}$$

式中：周期为 a 的介电常数 $\varepsilon(x)$ 的倒数可根据傅里叶级数展开为

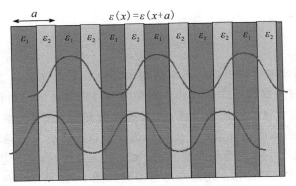

图 1-19 一维光子晶体示意图

$$\frac{1}{\varepsilon(x)} = \sum_n \varepsilon_n \, e^{in(2\pi/a)x} \tag{1.31}$$

式中：ε_n 为傅里叶展开系数，可由周期结构参数完全确定。

根据 Bloch 定理，在周期势场中可以把波函数写成平面波与周期函数乘积的形式，因而由式（1.21）可将磁场强度大小 $H(x)$ 展开成：

$$H(x) = \sum_n A_n \, e^{i(k+2n\pi/a)x} \tag{1.32}$$

式中：A_n 为展开系数；$G = 2n\pi/a$ 为该一维周期结构的倒格矢大小。由上式可知，当 x 以 a 为周期变化时，波数 k 一定是周期性的，且 k 等价于 $k+2n\pi/a$，因而可选取 $-\pi/a \leqslant k \leqslant \pi/a$，这也是该一维周期结构的不可约布里渊区。

式（1.30）可看作是关于特征值 $(\omega/c)^2$ 和特征变量 $H(x)$ 的求解问题。当把式（1.31）和式（1.32）代入式（1.30），可得关于 A_n（整数 n 从 $-\infty$ 变化到 $+\infty$）的矩阵方程，其中频率 ω 仍然为特征值。通过此矩阵方程的系数行列式为零的求解条件，可以进一步得到频率 ω 和波数 k 之间的色散关系，其中一个 k 值对应无穷个 ω 值，也即意味着该色散关系有无穷多支，即 $\omega = \omega_j(k)$，其中角标 j 表示支。对于每一支色散曲线，$\omega_j(k)$ 具有周期性特征 $\omega_j(k+G) = \omega_j(k)$，如式（1.32）所示，这意味着可以把注意力仅仅限于第一布里渊区，而且反演对称也成立，即 $\omega_j(-k) = \omega_j(k)$。这些对称性实际上都是由周期结构的平移对称性所产生的。

当一维周期结构参数满足布拉格定律（即相长干涉条件）时，考虑电磁波垂直入射在如图 1-19 所示的光子晶体中，由式（1.4）有：

$$\lambda = c_{\mathrm{m}} \cdot T = \frac{2\pi \, c_{\mathrm{m}}}{\omega} = \frac{2\pi}{\omega} \frac{a}{\dfrac{a_1}{c/\sqrt{\varepsilon_1}} + \dfrac{a_2}{c/\sqrt{\varepsilon_2}}} = \frac{2a}{n} \tag{1.33a}$$

即

$$\frac{n\pi}{a_1 \sqrt{\varepsilon_1} + a_2 \sqrt{\varepsilon_2}} = \frac{\omega}{c} \tag{1.33b}$$

式中：c_m 为不同介电常数组成的周期结构单元内的平均光速；c 为真空光速。即当一维周期结构参数满足式(1.33b)，周期内各界面对波的反射作用互相增强，此时所有反射的子波产生相长干涉，使前进波受到很大干扰，结果就会有无数个频率禁带产生。因而这种禁带产生机理也称为布拉格散射机理。

当 k 值限定在不可约布里渊区 $-\pi/a \leqslant k \leqslant \pi/a$ 内，当 ω 限定在只包含第一禁带时，把对应 k 的特征值 ω 连起来即可得到如图1-20所示的色散曲线和频率第一禁带。从图中可看出，色散关系满足对称性。

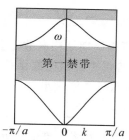

图 1-20　一维光子晶体禁带特性

1.4.2　二维光子晶体能带图

麦克斯韦电磁理论阐明了光波是一种横波，它的光矢量始终是与传播方向垂直的，即其电矢量 E、磁矢量 H 和传播方向 k 两两垂直。根据传播方向上有无电场分量或磁场分量，光的传播形态可分为如下 3 类：①TEM(Transverse Electric Magnetic) 波：在传播方向上没有电场和磁场分量，称为横电磁波；②TM(Transverse Magnetic) 波：在传播方向上有磁场分量但无电场分量，称为横磁波；③TE(Transverse Electric) 波：在传播方向上有电场分量而无磁场分量，称为横电波。任何光都可以这 3 种波的合成形式表示出来。

二维光子晶体分为柱型周期结构和孔型周期结构2类，图1-21表示由半径为 r 的介电圆柱体组成的二维柱型阵列光子晶体，图1-22表示在介电基体中由空气圆柱体组成的二维孔型阵列光子晶体。对于一般二维光子晶体，其周期结构的空间坐标 $R = r_1 + l_1 a_1 + l_2 a_2$，其中 l_1 和 l_2 为任意整数；$r_1 = x_0 x + y_0 y$，x_0 和 y_0 分别是笛卡儿坐标系 x 轴和 y 轴的单位矢量，a_1 和 a_2 为二维平面内非共线的初始平移向量,且在笛卡儿坐标系中$\boldsymbol{a}_1 = (a_1^{(1)}, a_1^{(2)})$,$\boldsymbol{a}_2 = (a_2^{(1)}, a_2^{(2)})$。此外,周期排列的介电函数 $\varepsilon(\boldsymbol{R}) = \varepsilon(\boldsymbol{r}_1)$。

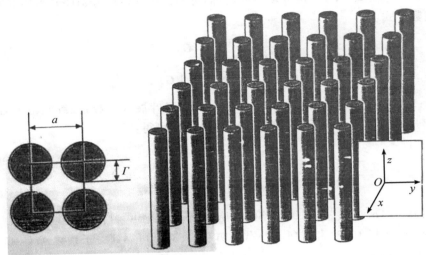

图 1-21　由介电圆柱体组成的二维柱型阵列光子晶体示意图

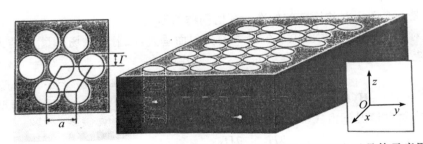

图 1-22　在介电基体中由空气圆柱体组成的二维孔型阵列光子晶体示意图

当电磁波在如图 1-21 和图 1-22 所示的由半径为 r 的介电圆柱体组成的二维周期阵列光子晶体中传播时,我们将在垂直于介电圆柱的入射面内用平面波展开法分别求解 TE 波和 TM 波两种极化情况下的光子晶体能带结构。

对于 TE 波,入射波磁场矢量 $\boldsymbol{H}$ 与入射面垂直,入射波电场矢量 $\boldsymbol{E}$ 与入射面平行,即可表示为:

$$\boldsymbol{H}(\boldsymbol{R}, t) = (0, 0, H_3(x, y \mid \omega) \exp(\mathrm{i}\omega t) \tag{1.34a}$$

$$\boldsymbol{E}(\boldsymbol{R}, t) = (E_1(x, y \mid \omega), E_2(x, y \mid \omega), 0)) \exp(\mathrm{i}\omega t) \tag{1.34b}$$

根据式(1.28),可得到关于 H_3 的波动方程:

$$\frac{\partial}{\partial x}\left[\frac{1}{\varepsilon(R)}\frac{\partial H_3}{\partial x}\right]+\frac{\partial}{\partial y}\left[\frac{1}{\varepsilon(R)}\frac{\partial H_3}{\partial y}\right]+\frac{\omega^2}{c^2}H_3=0 \tag{1.35}$$

为了求解式(1.35)的波动方程,我们将 $1/\varepsilon(R)$ 和 H_3 分别展开为如下傅里叶级数形式:

$$\frac{1}{\varepsilon(R)}=\sum_G D(G)\,\mathrm{e}^{\mathrm{i}G\cdot r} \tag{1.36}$$

$$H_3(R\mid\omega)=\sum_G A(k\mid G)\,\mathrm{e}^{\mathrm{i}(k+G)\cdot R} \tag{1.37}$$

式中:二维波矢 $k=x_0 k_1+y_0 k_2$;$D(G)$ 为傅里叶展开系数;二维倒格矢 $G=mb_1+nb_2$,其中 m、n 为任意整数,由式(1.18)可得:

$$b_1=\frac{2\pi}{a_c}(a_2^{(2)},-a_2^{(1)}) \tag{1.38a}$$

$$b_2=\frac{2\pi}{a_c}(-a_1^{(2)},a_1^{(1)}) \tag{1.38b}$$

式中:$a_c=|a_1\times a_2|$ 为二维晶格的原胞面积。

把展开式(1.36)和式(1.37)代入方程(1.35),可得到关于系数 $A(k\mid G)$ 的如下方程:

$$\sum_{G'}(k+G)\cdot(k+G')D(G-G')A(k\mid G')=\frac{\omega^2}{c^2}A(k\mid G) \tag{1.39}$$

这就是一个关于对称矩阵的标准特征值问题的形式。

对于 TM 波,入射波电场矢量 E 与入射面垂直,入射波磁场矢量 H 与入射面平行,也可表示为

$$E(R,t)=(0,0,E_3(x,y\mid\omega))\exp(\mathrm{i}\omega t) \tag{1.40a}$$

$$H(R,t)=(H_1(x,y\mid\omega),H_2(x,y\mid\omega,0))\exp(\mathrm{i}\omega t) \tag{1.40b}$$

在这种情况下由式(1.26b)可得:

$$\frac{\partial H_2}{\partial x}-\frac{\partial H_1}{\partial y}=\mathrm{i}\omega\varepsilon_0\varepsilon E_3 \tag{1.41a}$$

$$\mathrm{i}\omega\mu_0 H_1=-\frac{\partial E_3}{\partial y} \tag{1.41b}$$

$$\mathrm{i}\omega\mu_0 H_2=\frac{\partial E_3}{\partial x} \tag{1.41c}$$

从式(1.41)中消去 H_1 和 H_2,可得关于 E_3 的波动方程如下:

$$\frac{1}{\varepsilon(R)}\left[\frac{\partial^2}{\partial x^2}+\frac{\partial^2}{\partial y^2}\right]E_3+\frac{\omega^2}{c^2}E_3=0 \tag{1.42}$$

为了求解式(1.42)的波动方程,除了再次利用展开式(1.36),还将 E_3 展开成下面傅里叶级数形式:

$$E_3(\boldsymbol{R}|\omega) = \sum_{\boldsymbol{G}} B(\boldsymbol{k}\,|\,\boldsymbol{G})\,\mathrm{e}^{\mathrm{i}(\boldsymbol{k}+\boldsymbol{G})\cdot\boldsymbol{R}} \tag{1.43}$$

同理可得关于系数 $B(\boldsymbol{k}\,|\,\boldsymbol{G})$ 的如下方程:

$$\sum_{\boldsymbol{G}'} D(\boldsymbol{G}-\boldsymbol{G}')\,(\boldsymbol{k}+\boldsymbol{G}')^2 B(\boldsymbol{k}\,|\,\boldsymbol{G}') = \frac{\omega^2}{c^2} B(\boldsymbol{k}\,|\,\boldsymbol{G}) \tag{1.44}$$

这是一个关于非对称矩阵的标准特征值问题的形式。

若令 $C(\boldsymbol{k}\,|\,\boldsymbol{G}) = |\,\boldsymbol{k}+\boldsymbol{G}\,| B(\boldsymbol{k}\,|\,\boldsymbol{G})$,则方程(1.44)就变成关于对称矩阵的特征值问题:

$$\sum_{\boldsymbol{G}'} |\,\boldsymbol{k}+\boldsymbol{G}\,| D(\boldsymbol{G}-\boldsymbol{G}')\,|\,\boldsymbol{k}+\boldsymbol{G}'\,| C(\boldsymbol{k}\,|\,\boldsymbol{G}') = \frac{\omega^2}{c^2} C(\boldsymbol{k}\,|\,\boldsymbol{G}) \tag{1.45}$$

为了求解式(1.39)和式(1.45)的特征值问题,需考虑式(1.36)中的傅里叶展开系数 $D(\boldsymbol{G})$。不论是二维光子晶体中的柱型或孔型周期结构,$1/\varepsilon(\boldsymbol{R})$ 都可表示为

$$\frac{1}{\varepsilon(R)} = \frac{1}{\varepsilon_2} + \left(\frac{1}{\varepsilon_1} - \frac{1}{\varepsilon_2}\right) S(\boldsymbol{r}_1) \tag{1.46}$$

式中:ε_1 和 ε_2 分别是圆柱体和基体材料的介电常数;当 $\boldsymbol{r}_1 \in \Omega$ 时,$S(\boldsymbol{r}_1) = 1$,当 $\boldsymbol{r}_1 \notin \Omega$ 时,$S(\boldsymbol{r}_1) = 0$,其中 Ω 是中心位于原点的圆柱体区域。

这样,由式(1.46)利用傅里叶反变换可得式(1.36)中的展开系数 $D(\boldsymbol{G})$ 如下:

$$D(\boldsymbol{G}) = \frac{1}{a_c}\iint_{a_c} \frac{1}{\varepsilon(R)}\,\mathrm{e}^{-\mathrm{i}\boldsymbol{G}\cdot\boldsymbol{R}}\,\mathrm{d}x\mathrm{d}y = \begin{cases} \dfrac{1}{\varepsilon_1}f + \dfrac{1}{\varepsilon_2}(1-f), & \boldsymbol{G}=0 \\[2mm] \left[\dfrac{1}{\varepsilon_1} - \dfrac{1}{\varepsilon_2}\right]\dfrac{1}{a_c}\iint_{\Omega} \mathrm{e}^{-\mathrm{i}\boldsymbol{G}\cdot\boldsymbol{R}}\,\mathrm{d}x\mathrm{d}y, & \boldsymbol{G}\neq 0 \end{cases} \tag{1.47}$$

式中:f 称为填充因子,$f = a_\Omega/a_c$,a_Ω 是圆柱体截面积。填充因子反映了晶格原胞内填充材料所占的面积比。

对于二维光子晶体,设圆柱截面半径为 r,则由式(1.47)可得:

$$D(\boldsymbol{G}) = \begin{cases} \dfrac{1}{\varepsilon_1}f + \dfrac{1}{\varepsilon_2}(1-f), & \boldsymbol{G}=0 \\[2mm] \left(\dfrac{1}{\varepsilon_1} - \dfrac{1}{\varepsilon_2}\right)\dfrac{2f\boldsymbol{J}_1(|\,\boldsymbol{G}\,|r)}{|\,\boldsymbol{G}\,|r}, & \boldsymbol{G}\neq 0 \end{cases} \tag{1.48}$$

式中:填充因子 $f = (2\pi/\sqrt{3})\,r^2/a^2$;$\boldsymbol{J}_1(x)$ 是贝塞尔函数。

由式(1.47)推导出式(1.48)的具体过程如下:

$$\frac{1}{a_c}\iint_{\Omega} \mathrm{e}^{-\mathrm{i}\boldsymbol{G}\cdot\boldsymbol{R}}\,\mathrm{d}x\mathrm{d}y = \frac{1}{a_c}\int_0^r\int_0^{2\pi} \mathrm{e}^{-\mathrm{i}(G_x R\cos\theta + G_y R\sin\theta)} R\mathrm{d}R\mathrm{d}\theta \tag{1.49}$$

式中：G_x、G_y 分别是二维倒格矢 $\boldsymbol{G}$ 在 x 轴和 y 轴的投影。其中，

$$\int_0^{2\pi} \mathrm{e}^{-\mathrm{i}(G_x R\cos\theta + G_y R\sin\theta)}\,\mathrm{d}\theta = \int_0^{\pi} \mathrm{e}^{-\mathrm{i}(G_x R\cos\theta + G_y R\sin\theta)}\,\mathrm{d}\theta + \int_{\pi}^{2\pi} \mathrm{e}^{-\mathrm{i}(G_x R\cos\theta + G_y R\sin\theta)}\,\mathrm{d}\theta$$

$$= 2\int_0^{\pi} \mathrm{e}^{-\mathrm{i}G_x R\cos\theta}\cos(G_y R\sin\theta)\,\mathrm{d}\theta \tag{1.50}$$

又由于 $J_0\{\sqrt{z^2 - t^2}\} = \dfrac{1}{\pi}\displaystyle\int_0^{\pi} \mathrm{e}^{t\cos\theta}\cos(z\sin\theta)\,\mathrm{d}\theta$，因而

$$\frac{1}{a_c}\iint_{\Omega} \mathrm{e}^{-\mathrm{i}\boldsymbol{G}\cdot\boldsymbol{R}}\,\mathrm{d}x\mathrm{d}y = \frac{1}{a_c}\int_0^r 2\pi J_0(|\boldsymbol{G}|R)R\,\mathrm{d}R \tag{1.51}$$

式中：$|\boldsymbol{G}| = \sqrt{G_x{}^2 + G_y{}^2}$。

由于 $\dfrac{\mathrm{d}}{\mathrm{d}z}\{zJ_1(z)\} = zJ_0(z)$，因而有

$$\frac{1}{a_c}\iint_{\Omega} \mathrm{e}^{-\mathrm{i}\boldsymbol{G}\cdot\boldsymbol{R}}\,\mathrm{d}x\mathrm{d}y = \frac{2f}{|\boldsymbol{G}|r}J_1(|\boldsymbol{G}|r) \tag{1.52}$$

为了具体计算二维光子晶体能带图，下面以图 1-21 所示的二维三角形光子晶体为例来说明，其参数为：$\boldsymbol{a}_1 = a(1,0)$，$\boldsymbol{a}_2 = a(1/2, \sqrt{3}/2)$，其中 a 为晶格常数。由式(1.38)可得，$\boldsymbol{b}_1 = (2\pi/a)(1, -\sqrt{3}/3)$，$\boldsymbol{b}_2 = (2\pi/a)(0, 2\sqrt{3}/3)$。图 1-23 表示了二维柱型光子晶体的光子能带图及态密度，其中图(a)表示当光子晶体中 $\varepsilon_1 = 14$、$\varepsilon_2 = 1$、填充因子 $f = 0.431$ 时 TE 波极化情况下的光子能带图及态密度，图(b)表示当光子晶体中 $\varepsilon_1 = 5$、$\varepsilon_2 = 1$、填充因子 $f = 0.169$ 时 TM 波极化情况下的光子能带图及态密度，两图中均表示了具有完全带隙的能带图，即在倒格矢空间中波矢 $\boldsymbol{k}$ 所有方向上的共同带隙。从图 1-23 中可看出，完全带隙宽度和介电常数差异、填充因子及电磁波极化方向都有关。在其他条件相同时，填充材料和基体材料的介电常数差异越大，则带隙宽度越大，这是由于高介电常数材料会使电介质内的电场强度显著下降，介电常数差异越大导致电场能量差异越大。

从图 1-23 可以看出，二维柱型光子晶体对 TE 波和 TM 波的极化情形是不同的，这是由电磁场的矢量特性引起的。图(b)中在 TM 波极化情况下，尽管填充因子较低，柱型光子晶体仍然产生较大禁带。对于柱型光子晶体，填充因子亦反映位于高介电常数区域内的电能比例。在 TM 波入射下电能主要分布于柱型高介电区域内，高介电带(第一条色散曲线)和空气带(第二条色散曲线)之间的电能差异较大，因而较易产生较大带隙。而 TE 波入射情况(图 1-23(a))下连续电场穿过空气介质把相邻高介电圆柱连接起来，这样由高介电圆柱导致电场强

度下降所产生的第一条色散曲线和由空气介质产生的第二条色散曲线之间的电能差异较小,因而不易产生光子带隙。

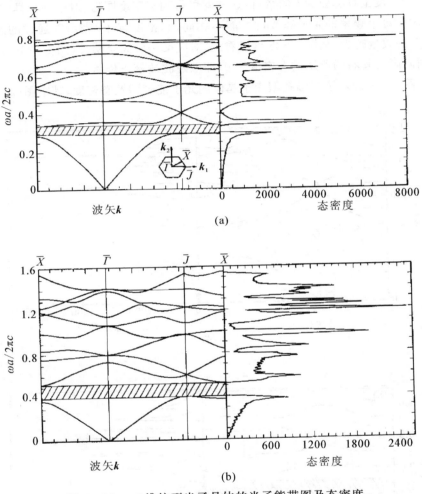

图 1 - 23　二维柱型光子晶体的光子能带图及态密度

态密度与能带结构密切相关,是一个重要的基本函数。光子态密度表征了在不可约布里渊区内对应每一个频率单位频带宽度上光子本征态(波矢 *k*)的数目。原则上讲,态密度可以作为能带结构的一个可视化结果。态密度的很多分析和能带分析结果可以一一对应,很多术语也和能带分析术语相通,但是因为它更直观,因此在结果讨论中用得比能带分析更广泛一些。将不可约布里渊区上

的波矢 k 划分成若干单元,对应每个单元上的给定波矢值,通过求解式(1.39)和式(1.45)的特征值问题,可以得到对应的特征频率,然后对应每一频率在单位频带宽度上计算波矢 k 的数目,这样就可得到态密度图形。对于一个具体的系统,对应每个频率的光子态数目可能不相同,态密度越小,表示能通过的态(波矢 k)的数量越少。从图1-23可以看到,对应第一阶完全禁带(图1-23(a)、(b)左图阴影),其右图所示的态密度为0,即电磁波被禁止传播。

图1-24表示了二维孔型光子晶体的光子能带图及态密度,其中图(a)表示

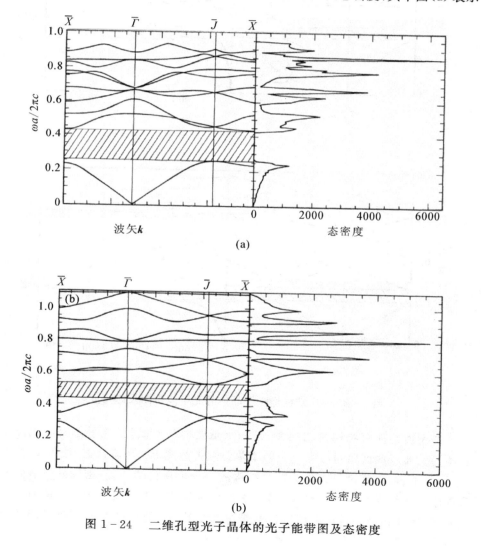

图1-24　二维孔型光子晶体的光子能带图及态密度

当光子晶体中 $\varepsilon_1 = 1$、$\varepsilon_2 = 12.5$、填充因子 $f = 0.6$ 时 TE 波极化情况下的光子能带图及态密度;图(b)表示当光子晶体中 $\varepsilon_1 = 1$、$\varepsilon_2 = 12.5$、填充因子 $f = 0.8$ 时 TM 波极化情况下的光子能带图及态密度。

　　二维孔型光子晶体在水平面内可形成连续的高介电区域。对比图 1-24(a)和(b)可以看出,孔型光子晶体更适合在 TE 波极化情况下产生较大禁带。这是由于 TE 波入射情况下连续电场位于高介电常数区域内的电能比例大增,高介电带即第一条色散曲线完全局域在高介电常数区域内,而空气带即第二条色散曲线的部分能量由于水平切向电场连续的边界条件进入到孔型空气介质内而导致两条色散曲线之间的电能差异较大,因而较易产生较大带隙。而在 TM 波入射情况下,由于电磁场矢量特性,高介电带的电场被限制在垂向高介电区域内,空气带的电场则集中于连接两孔之间的水平高介电区域,因此其色散曲线之间的电能差异较小,没有大的频率跳变,不易产生光子带隙。

1.4.3　三维光子晶体结构

　　三维木柴堆式的光子晶体结构可以在一定的波段上表现出完全带隙,且在制备技术上具有可行性(见图 1-25)。

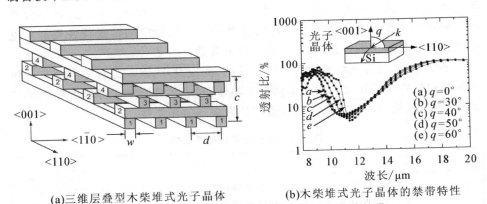

(a)三维层叠型木柴堆式光子晶体　　　(b)木柴堆式光子晶体的禁带特性

图 1-25　三维层叠型木柴堆式光子晶体及其禁带

　　自然界中同样有三维光子晶体的存在,例如蛋白石、海老鼠毛、蝴蝶翅膀(见图 1-26(a))、蓝脸山魈的皮肤、甲虫的壳以及孔雀羽毛(见图 1-26(b))等,它们具有斑斓的色彩和各色的图案,都是由于在这些物质中存在有三维周期性微结构反射特定频域范围内光波所导致的。表现在蝴蝶身上就是蝴蝶翅膀上色素囊的周期性微结构使得蓝色光和绿色光不会侧漏,全部释放出来,因而我们看到的就是蝴蝶漂亮的蓝色或者绿色翅膀。

(a)蝴蝶翅膀　　　　　　　　　　(b)孔雀羽毛

图 1-26　自然界中的三维光子晶体结构

1.5　由光子晶体类比产生的声子晶体概念

由上节可知,光子晶体的概念来源于对电子晶体的类比推导,而声子晶体的概念亦是从光子晶体类比而来。对于弹性波,将弹性常数和密度呈周期分布的材料或结构称为声子晶体。弹性波在声子晶体结构中的传播特性类似于电磁波在光子晶体中的传播,也会出现弹性波带隙。

事实上,这三者在结构性质、特征、带隙、调控对象、波动方程等方面有着惊人的相似性以及可比性。表 1.1 对电子晶体、光子晶体及声子晶体的有关特性进行了比较,从中可以看出三者有着广泛而深刻的相似性。

表 1.1　三类晶体的特性比较

特性	电子晶体	光子晶体	声子晶体
属性	结晶体 (自然的或生长的)	由两种(或以上)介电材料构成的功能材料	由两种(或以上)弹性材料构成的功能材料
参量	普适常数、原子数	各组元的介电常数	各组元的质量密度,声波波速 c_i、c_t
波的形式	德布罗意波(电子)	电磁波(光子)	弹性波(声子)
偏振	自旋↑,↓	横波 ($\nabla \cdot D = 0$、$\nabla \cdot E \neq 0$)	横波与纵波的耦合波 ($\nabla \cdot U \neq 0$、$\nabla \times U \neq 0$)

续表

特性	电子晶体	光子晶体	声子晶体
波动方程	薛定谔方程 $-\dfrac{h}{2m}\nabla^2\psi+v\psi=ih\dfrac{\partial\psi}{\partial t}$	麦克斯韦方程组 $\nabla^2\boldsymbol{E}-\nabla(\nabla_g\boldsymbol{E})=\dfrac{\varepsilon(\boldsymbol{r})}{c^2}\dfrac{\partial^2\boldsymbol{E}}{\partial t^2}$	弹性波波动方程 $(\lambda+2\mu)\nabla(\nabla gu)-\mu\nabla\times\nabla\times u+\rho\omega^2 u=0$
带隙	随着晶体势函数的增加而增大,无电子态存在	随介电常数差$\lvert\varepsilon_a-\varepsilon_b\rvert$的增大而增大,无光子、光波存在	随质量密度差等的增大而增大,无振动存在
频率范围	无线电波、微波、光波和 X 射线	微波和光波	弹性波

1995 年,Martinez‑Sala 等人在对西班牙马德里的一座 200 多年前制作的雕塑"流动的旋律"(如图 1‑27 所示)进行了声学测试,首次从实验角度证实了弹性波禁带的存在[6]。

图 1‑27　雕塑"流动的旋律"

1.5.1　声子晶体禁带产生机理

研究认为,声子晶体带隙产生的机理有两种:布拉格散射型和局域共振型。前者主要是结构周期性起主导作用,后者主要是单个散射体的共振特性起主导作用。因此它们的带隙特性也存在很多不同。在 2000 年以前,对于声子晶体的研究主要集中于布拉格散射型,先后经历了发现与验证带隙、考虑影响带隙的因素并调节带隙、解释带隙形成机理并探索新型声子晶体结构及新特性的研究历程,同时伴随着对声子晶体能带图计算方法的完善和新方法的探索。2000年,局域共振型声子晶体提出以后,人们逐渐把研究重点转移到局域共振型声子晶体的低频特性以及由其延伸的声学超材料研究领域。

1. 布拉格散射机理

由于材料特性的周期性分布,入射的弹性波在各个周期性界面的前后都发生来回反射,对于结构的每一周期来说,前向波与反向波相互叠加,使得某些频率的波在周期结构中没有对应的振动模式,最终导致带隙的产生,这就是布拉格散射型声子晶体的带隙产生机理。决定布拉格带隙是否产生及其特性的主要因素是组成声子晶体组元的材料特性(如密度、弹性模量)和结构尺寸(如晶格形式、晶格常数和填充率等);布拉格带隙的中心频率所对应的弹性波波长与晶格常数有关。一般说来,各组元的材料特性相差得越大,声子晶体越容易产生带隙;晶格形式不同,散射体形状不同,产生的带隙也不同;对于液-液型声子晶体,带隙宽度随散射体填充率增大而增大,而对于固-固型声子晶体,带隙宽度随散射体填充率的增大先增大后减小。

布拉格带隙特性还受到结构周期完整性的影响,当声子晶体中存在缺陷时,带隙内会出现与缺陷特征长度具有一定对应关系的窄通带,对应频率的弹性波将被局限在缺陷附近或者沿缺陷传播。声子晶体虽然只有点、线、面三种缺陷形式,但多个或多种缺陷又可以组合成多种多样的结构形式。目前,对声子晶体缺陷态的研究大都还只是理论计算工作,但其对工程应用提供了广泛的理论基础,在制作声学滤波器、声波导等声学功能器件和集成声路方面都有潜在的应用前景。

2. 局域共振机理

2000 年,我国学者 Liu 等在著名杂志 *Science* 上发表的论文中首次提出了局域共振声子结构的概念[7],他们用硅橡胶包裹铅球按照简单立方晶格排列在环氧树脂基体中,并进行了相应的声学测试实验,如图 1 – 28 所示。理论和实验都证实这一单元特征长度为 20 mm 的结构具有 400 Hz 左右的低频带隙,比同样尺寸的布拉格散射型声子晶体的第一带隙频率降低了两个数量级,而且在散射体分布并非遵循完全严格的周期性时,同样也能产生带隙。局域共振带隙是一种不同于布拉格带隙的新机理,由于其具有优良的低频特性,受到了极大的关注和广泛的研究。研究表明,在局域共振声子结构中,由于软包覆层和芯球组成的共振单元的低频谐振与基体中的弹性波发生耦合作用,使其不能继续向前传播,从而导致了带隙的产生。研究普遍认为,产生带隙的频率和宽度主要受组元材料参数及组分比或填充率的影响,而与晶格形式无关。虽然局域共振带隙可以具有频率远低于相同结构尺寸的布拉格带隙的特性,但一般带隙宽度都比较窄。因此,获得更宽的低频局域共振带隙成为人们研究局域共振声子结构的目标之一。

(a)三维三组元局域共振型声子晶体结构

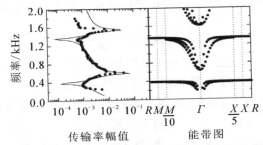

(b)三维三组元局域共振型声子晶体传输率和能带图

图 1-28　局域共振型声子晶体及其特性

1.5.2　声子晶体中的弹性波基本方程

对于各向同性的完全线弹性介质,在小变形、无初始应力的假设下,取介质中任意小的体积微元作为研究对象,根据弹性动力学理论,就可以建立描述质点力、位移及应力应变之间关系的基本方程[8]:

(1)运动微分方程,描述力 $\boldsymbol{F}$ 与位移 $\boldsymbol{u}$ 大小之间的关系:

$$\rho \ddot{u}_i = \sigma_{ij,j} + \rho F_i \tag{1.53}$$

(2)几何方程,描述位移 $\boldsymbol{u}$ 大小与应变 ε 之间的关系:

$$\varepsilon_{ij,j} = \frac{1}{2}(u_{i,j} + u_{j,i}) \tag{1.54}$$

(3)物理方程,描述应力 σ 与应变 ε 之间的关系:

$$\sigma_{ij} = \lambda \varepsilon_{kk} \delta_{ij} + 2\mu \varepsilon_{ij} \tag{1.55}$$

式中：ρ 为介质的密度；F_i 为单位质量上的外力；λ、μ 为介质的 Lamé 弹性常数。

以位移大小 u 为未知函数，根据上述三个基本方程，可以写出介质中传播的弹性波波动方程

$$\rho \ddot{u}_i = \sum_{j=1}^{3} \left\{ \frac{\partial}{\partial x_i} \left(\lambda \frac{\partial u_j}{\partial x_j} \right) + \frac{\partial}{\partial x_j} \left[\mu \left(\frac{\partial u_i}{\partial x_j} + \frac{\partial u_j}{\partial x_i} \right) \right] \right\} + \rho F_i \quad i, j = x, y, z \tag{1.56}$$

式（1.56）描述的波动方程即为非均匀各向同性弹性介质中的弹性波方程，其中密度和 Lamé 弹性常数都是空间 (x, y, z) 的函数。在无体积力作用下，可写成矢量形式

$$\rho(\boldsymbol{r}) \ddot{\boldsymbol{u}} = \nabla \left[(\lambda(\boldsymbol{r}) + 2\mu(\boldsymbol{r})) \nabla \cdot \boldsymbol{u} \right] - \nabla \times (\mu(\boldsymbol{r}) \nabla \times \boldsymbol{u}) \tag{1.57}$$

式中：∇ 为 Hamilton 算符。

对于均匀各向同性介质，密度和 Lamé 弹性常数都是常数，式（1.57）可以化为

$$\rho \ddot{\boldsymbol{u}} = (\lambda + \mu) \nabla(\nabla \cdot \boldsymbol{u}) + \mu \nabla^2 \boldsymbol{u} \tag{1.58}$$

对于由不同材料复合而成的声子晶体结构而言，其中传播的弹性波波动方程即由方程（1.56）或式（1.57）表示。而当声子晶体晶格只在两个正交方向上具有周期性（即二维声子晶体）时，通常将两个具有周期性的方向组成的平面取为 xOy 平面，而轴向取为 z 方向。由于 z 方向上介质的均匀性，假设弹性波在 xOy 平面内传播时介质的位移只与 x、y 有关，而与 z 坐标无关。此时描述 xOy 平面内与 z 方向上的波动方程可以解耦，分别称作 XY 模式和 Z 模式。

XY 模式的矢量方程为

$$\rho(\boldsymbol{r}) \frac{\partial^2 u_x}{\partial t^2} = \frac{\partial}{\partial x} \left[\lambda(\boldsymbol{r}) \left(\frac{\partial u_x}{\partial x} + \frac{\partial u_y}{\partial y} \right) \right] + \frac{\partial}{\partial x} \left[2\mu(\boldsymbol{r}) \frac{\partial u_x}{\partial x} \right] + \frac{\partial}{\partial y} \left[\mu(\boldsymbol{r}) \left(\frac{\partial u_x}{\partial y} + \frac{\partial u_y}{\partial x} \right) \right] \tag{1.59}$$

$$\rho(\boldsymbol{r}) \frac{\partial^2 u_y}{\partial t^2} = \frac{\partial}{\partial y} \left[\lambda(\boldsymbol{r}) \left(\frac{\partial u_x}{\partial x} + \frac{\partial u_y}{\partial y} \right) \right] + \frac{\partial}{\partial x} \left[\mu(\boldsymbol{r}) \left(\frac{\partial u_y}{\partial x} + \frac{\partial u_x}{\partial y} \right) \right] + \frac{\partial}{\partial y} \left[2\mu(\boldsymbol{r}) \frac{\partial u_y}{\partial y} \right] \tag{1.60}$$

Z 模式的矢量方程为

$$\rho(\boldsymbol{r}) \frac{\partial^2 u_z}{\partial t^2} = \frac{\partial}{\partial x} \left[\mu(\boldsymbol{r}) \frac{\partial u_z}{\partial x} \right] + \frac{\partial}{\partial y} \left[\mu(\boldsymbol{r}) \left(\frac{\partial u_z}{\partial y} \right) \right] \tag{1.61}$$

当声子晶体只在一个方向上具有周期性（即一维声子晶体）时，通常将具有周期的方向取为 x 方向。同理，可以得到描述在 x 方向传播的弹性波的波动方程为

$$\rho(x)\,\frac{\partial^2 u_x}{\partial t^2} = \frac{\partial}{\partial x}\Big[\lambda(x)\,\frac{\partial u_x}{\partial x}\Big] + \frac{\partial}{\partial x}\Big[2\mu(x)\Big(\frac{\partial u_x}{\partial x}\Big)\Big] \tag{1.62}$$

1.5.3　声子晶体的能带图

　　Bloch 理论说明,由于声子晶体晶格的周期性和点群对称性,通过引入周期边界条件,可以将对于弹性波在整个晶格传播行为的研究转换到在单个原胞及其不可约布里渊区中进行。对应 Bloch 波矢 k 在不可约布里渊区中的每一个取值,将式(1.20)代入弹性波波动方程(1.57)就可以求解出一系列对应的本征频率 $\omega = \omega_n(k)$(n 为阶数)及本征函数。本征频率与 Bloch 波矢 k 的关系称为色散关系,以 k、$\omega_n(k)$ 分别为横纵坐标就可以绘制出声子晶体的能带图。

　　在能带图中,每个$(k,\omega_n(k))$点对应的本征函数即表示该频率下弹性波的一种传播模式。当 Bloch 波矢 k 在不可约布里渊区取遍所有值时,能带图中由$(k,\omega_n(k))$组成的区域即为存在波传播模式的通带,位于该频率范围的弹性波可以无阻碍地通过声子晶体结构向前传播;其他无波传播模式的区域称为带隙或禁带,位于该频率范围的弹性波将无法在相应方向上传播。如果无波传播模式的区域贯穿所有波矢方向,称为完全带隙;否则,称为方向带隙。由于布里渊区边界上的点比内部点具有更高的对称性,本征频率在边界上取极值。因此,以确定带隙为目的而计算能带图时,波矢 k 的端点只需要沿不可约布里渊区的边界扫描即可。如图 1-29 所示即为由铝柱以正方形晶格排列在环氧树脂基体中形成的二维二组元固-固型声子晶体的能带图。计算中,晶格常数 a 为 0.02 m,

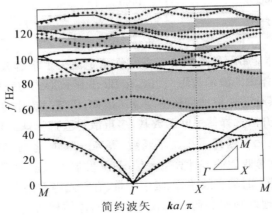

图 1-29　铝-环氧树脂二维声子晶体能带图

铝柱半径 r 为 0.008 m,材料参数见表 1.2。图 1-29 中实线表示 XY 模式,圆点线表示 Z 模式。图中右下角给出了结构的不可约布里渊区,其中 Γ、X、M 为三个高对称点。能带图由 M-Γ、Γ-X、X-M 三部分的能带组成,阴影部分表示 XY 模式下的弹性波带隙。前两部分分别表示两个极值方向 $\Gamma \to M$ 和 $\Gamma \to X$ 上的能带图,而 X-M 部分描述了当波矢方向从 $\Gamma \to X$ 逐渐转向 $\Gamma \to M$ 时,各阶能带的变化趋势。如图中阴影部分所示,该声子晶体既存在完全带隙,又在各个方向上存在很多方向带隙。

表 1.2　常见材料声学参数

材　　料	密度 $\rho/$ (kg·m^{-3})	纵向参数		横向参数		泊松比
		弹性模量 E / GPa	纵波声速 $\upsilon_l/$(m·s^{-1})	剪切模量 μ / GPa	横波声速 $\upsilon_t/$(m·s^{-1})	
铅	11600	40.8	2488	14.9	1133	0.369
钢(铁)	7890	196	5416	79	3164	0.241
铝	2730	77.6	6784	28.7	3242	0.352
环氧树脂	1180	4.35	2540	1.59	1161	0.368
有机玻璃	1190	2	2694	0.72	1430	0.389
丁腈橡胶	1300	1.2e−2	236	4.1e−3	56	0.47
EVA 橡胶	936	1.75e−2	266	6.03e−3	80	0.45
硅橡胶	1300	1.37e−4	22.9	4.68e−5	5.5	0.464
水	1000	—	1490	—	—	—
空气	1.25		343			

　　计算声子晶体能带图的最主要任务是在给定波矢下求解波动方程。对于周期结构,通常把晶体中的波函数用一组具有 Bloch 函数形式的完备基来展开,然后代入波动方程中转化为一般的特征值问题。因此,求解过程中可以选择不同的函数基,如平面波展开法选择傅里叶函数基,多重散射法选择球或柱 Bessel 函数(贝塞尔函数)基,小波元法选择了小波基函数,等等。另外,考虑到声子晶体的结构维度、组元材料、计算收敛性和计算量等情况,又发展了很多适用于不同情况的计算方法,如传递矩阵、时域有限差分、集中质量、有限元等方法。

　　总之,大量的理论和实验研究都说明声子晶体结构具有非常丰富的声学特性。它不仅丰富了振动与声学方面的理论,更预示着它们在各领域广阔的应用前景。声子晶体的带隙特性使其可以直接用于各种工程结构、产品和设备的振动与噪声控制当中,还可以用于开发新型隔(吸)振(声)材料。声子晶体所具有的缺陷态、负折射和逆多普勒特性,使其可以用于制作各种滤波、导波、聚焦型声功能器件,以及开发声成像和声通信等新型技术,甚至为集成声路的实现奠定基础。特别是局域共振型声子结构,为声子晶体在低频减振降噪方面的应用开创了新的局面。基于局域共振思想的声学超材料作为一种人工声学结构材料,大大突破了自然材料的局限,将在各个领域都具有目前无法估量的应用前景。

1.6　本章小结

本章从晶体的微观周期性结构着手,在分析一维原子晶格的格波散射和一维双原子晶格禁带特性的基础上,阐述了三维晶格的倒格矢和布里渊区等主要概念,在此基础上详细分析了光子晶体和声子晶体的禁带机理及其能带图计算方法和特性。

参考文献

[1]　JOHN S. Strong localization of photons in certain disordered dielectric superlattices[J]. Physical Review Letters, 1987, 58 (23): 2486 – 2489.

[2]　YABLONOVITCH E. Inhibited spontaneous emission in solid – state physics and electronics[J]. Physical Review Letters, 1987, 58 (20): 2059 – 2062.

[3]　SIGALAS M M, ECONOMOU E N. Elastic and acoustic wave band structure[J]. Journal of Sound and Vibration, 1992, 158 (2):377 – 382.

[4]　KUSHWAHA M S, HALEVI P, DOBRZYNSKI L, et al. Acoustic band structure of periodic elastic composites[J]. Physical Review Letters, 1993, 71 (13): 2022 – 2025.

[5]　黄昆,韩汝琪. 固体物理学[M]. 北京:高等教育出版社.1988.

[6]　MARTINEZ – SALA R, SANCHO J, SANCHEZ J V, et al. Sound attenuation by sculpture[J]. Nature, 1995, 378 (6554): 241 – 241.

[7]　LIU Z, ZHANG X, MAO Y, et al. Locally resonant sonic materials [J]. Science, 2000, 289 (5485): 1734 – 1736.

[8]　吴九汇. 振动与噪声前沿理论及应用[M]. 西安:西安交通大学出版社,2017.

第 2 章　声学超材料的介观人工单元及其宏观特性

上一章从晶体的微观周期性结构着手分析了光子晶体和声子晶体的禁带产生机理及其特性。随着研究的不断深入,人们发现局域共振型声子晶体还具有等效负质量特性,从而掀起了由亚波长人工微结构单元组成的声学超材料的研究热潮。声学超材料的最小人工微结构单元类似于结构材料的人工"原子",其谐振特性在宏观上具有负等效质量密度、负等效弹性模量等新颖物理特性,从而可以调控宏观声学结构的能带色散关系,实现弹性波或声波的反射、吸收、滤波、导波、聚焦、超透镜、隐身等许多全新的物理特性和现象,提供一种从结构设计上实现控制弹性波或声波传播的新方法。声学超材料的发展极大拓宽了传统声学材料的概念,实现了小尺寸控制低频大波长的设计目标,为研制低频隔声、吸声材料和新型声学器件开辟了新的道路和方法,是目前振动和噪声领域普遍关注的热点话题。

2.1　声学超材料的定义

超材料一般是指具有异常等效参数的亚波长人工微结构,超材料常见的名称还有"左手媒质""超构材料""超颖材料""异向媒质"等。1999 年,英国物理学家 Pendry 提出具有负等效介电常数和负等效磁导率的电磁超材料[1],随后,Smith 通过实验证明电磁超材料的负折射性质[2,3]。由于超材料具有异常的等效参数特性并且可以产生新奇的物理现象,超材料研究迅速发展为研究热点。声学超材料是从电磁超材料的概念发展而来的。

图 2-1 表示在不同尺度下的超材料组成,其中分子层级微观尺度的最小周期是 a_0,宏观尺度下的入射波长为 λ,介于微观和宏观之间的介观尺度的最小周期是 a,这里 $a_0 \ll a \ll \lambda$。因而介观层面的超材料在宏观尺度下表现为一种均质化波动材料。

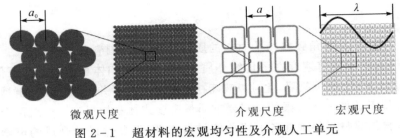

图2-1　超材料的宏观均匀性及介观人工单元

图2-2表示局域共振介观人工单元及声学超材料的形成过程。从单自由度质量-弹簧系统到两自由度动力吸振器，再到动力吸振器的物理模型，其中基体质量 M 和吸振质量 m 之间通过弹簧连接起来。为了进一步设计介观人工单元，可用弹性包覆层（如硅橡胶）替代弹簧，用高密度球体（如铅球等）替代质量 m，用硬质基体（如环氧树脂等）材料作为基体，从而组成工程上可用的局域共振介观人工单元。由介观人工单元再周期排列可形成宏观上均质化的声学超材料。这种声学超材料 6 cm 厚度即可吸收 440 Hz 左右的低频声波，实现小尺寸控制低频大波长的目的。

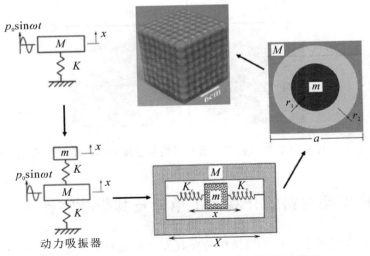

图2-2　介观人工单元组成声学超材料的过程

以声学介质为例，声波在材料中的传播受到质量密度和体积模量的调控，这两个材料参数之间存在如下相互关系：

$$k^2 = \omega^2 \frac{\rho}{E}$$

(2.1)

式中：k 为波数；ω 为角频率；ρ 为材料的质量密度；E 为材料的体积模量。

　　对于自然界中普遍存在的传统介质，其质量密度和体积模量均为正值，取值位于图 2-3 中第一象限，此时声波能在该介质中传播并且相速度与群速度方向一致。位于其他 3 个象限的材料要求质量密度或体积模量有一个或两个为负值，一般自然界材料很难具备上述负值材料属性。但通过设计合适的声学超材料，可实现位于这 3 个象限中的任何一类材料。对于单负介质，声波在其中会快速衰减而无法传播；对于双负介质，声波在其中能正常传播，但其相速度与群速度方向相反。此外，弹性波的传播除了受质量密度和体积模量的调控外，还受剪切模量的调控，相关研究表明剪切模量也可以为负值。

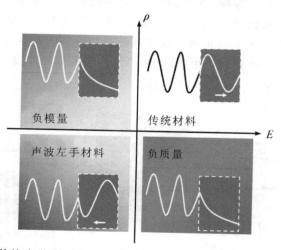

图 2-3　传统声学介质和声学超材料质量密度和体积模量的取值空间

2.2　声学超材料的介观人工单元及其带隙特性

　　本节将介绍薄板型声学超结构的介观人工单元及其局域共振特性，并通过能带结构分析二维弹性薄板型声学超结构中的带隙形成机理和参数影响规律，揭示质量块形状对能带结构和带隙的影响。

　　如图 2-4 所示，介观单元采用正方形晶格形式，分别设计了圆柱、正方块和半球形的 3 种不同质量块形状的局域共振薄板型声学超结构单元。每个元胞由 3 部分组成:质量块、薄板和框架。薄板均选用柔性硅橡胶材料,框架采用刚度较大的 ABS(丙烯腈-丁二烯-苯乙烯共聚物)或较柔软的 EVA(乙烯-醋酸乙烯共聚物)材料。框架主要起到给薄板提供支撑约束和分隔单元的作用,从理论上讲,相当于给元胞提供了一个局域化刚度。图 2-4(d)给出了正方形晶格元胞结构的第一布里渊区,采用有限元方法求解结构的固有频率,并沿第一布里渊区边界路径 $\Gamma \to X \to M \to \Gamma$ 进行扫描。当波矢沿布里渊区扫描时,可以求得结构在这一方向的固有频率,将不同方向的固有频率按方向展开排列在一起,就可以得到局域共振单元的能带结构。通过能带结构可以直观地识别结构的带隙频率范围,即禁带,也就是几乎能完全阻碍机械波传播的频率范围。计算过程中考虑了 x、y 方向的周期性,即设定了 Bloch 周期边界条件。

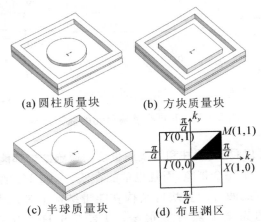

(a) 圆柱质量块　　　　(b) 方块质量块

(c) 半球质量块　　　　(d) 布里渊区

图 2-4　不同质量块形状的薄板型局域共振单元及其布里渊区

2.2.1　薄板型单元的能带结构

通过 COMSOL 商业多物理场耦合有限元分析软件,求解了图 2-4 中所示的圆柱、方块和半球三种质量块形状对应元胞的能带结构。从质量块的几何特征来看,正方形质量块具有均匀的面密度和轴对称特性,且具有一定的各向异性;圆柱形质量块具有均匀的面密度和中心对称性;半球形质量块具有中心对称性,但是面密度分布不均匀。由于质量块形状的差异,导致单元的各向同性或异性特征、对称性和面密度都有所差别,最终将导致不同的能带结构。硅橡胶的密度、弹性模量和泊松比分别为 1300 kg/m³、0.1175 MPa 和 0.469;ABS 的分别为 1190 kg/m³、2.2 GPa 和 0.375。方块质量块和半球质量块结构的薄膜厚度为 h_1，圆柱质量块结构的为 h_2；半球质量块单元的晶格常数为 a_1，其余两种单元的晶格常数为 a_2；半球的半径为 r_1，圆柱的半径为 r_2、厚度为 h_3，方块的边长为 b_1、厚度为 h_4；框架的棱宽和厚度均固定为 b。取如下结构参数：$a_1 = 14$ mm、$a_2 = 24$ mm、$b = 2$ mm、$b_1 = 14$ mm、$h_1 = 0.7$ mm、$h_2 = 1$ mm、$h_3 = h_4 = 2$ mm、$r_1 = 5$ mm 和 $r_2 = 8$ mm，求解三种不同质量块形状的单元结构的能带结构，分别如图 2-5(a)～(c) 所示，其中阴影区域表示带隙频率范围。除完全带隙外，通过模式分析，还获得了厚度方向的弯曲波带隙，即 Z 模式振动带隙。

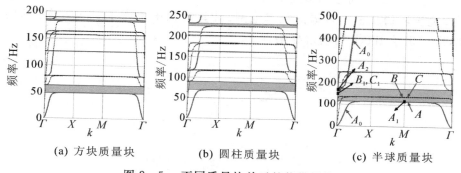

(a) 方块质量块　　　　(b) 圆柱质量块　　　　(c) 半球质量块

图 2-5　不同质量块单元的能带结构

从图 2-5 中可以看出，圆柱和方块质量块的原胞结构都能在 150 Hz 到 250 Hz 的频带内打开一个完全带隙，而且也都能在低于 100 Hz 的频带内打开一个超低频的弯曲波带隙。两种质量块的结构在能带结构上表现出来的差别在于，方块质量块结构的完全带隙带宽很窄，只有 2.5 Hz，弯曲波带隙带宽为 15.3 Hz；而圆柱质量块结构的完全带隙宽度比方块质量块结构的宽近 3 倍，达到了 7 Hz，弯曲波带隙的带宽也达到了 20.5 Hz。半球质量块结构可以在 100 Hz 到 200 Hz 的频带内打开完全带隙，并与质量块 Z 向共振产生的弯曲波带隙连在一起，形成了一个带宽相对较大的带隙，禁带宽度达到了 58.5 Hz。

接下来讨论质量块形状对能带结构的影响。通过上述分析结果表明，方块质量块的对称性最差，各向异性最明显，反映在能带结构上就导致这种单元只能打开非常窄的完全带隙；圆柱质量块和半球质量块对称性最好，都是中心对称的，且都是各向同性的，反映在能带上为两种结构都能打开完全带隙；圆柱质量块面密度均匀，而半球质量块面密度不均匀，反映在能带上为半球质量块打开了和完全带隙相连的弯曲波带隙，而圆柱质量块结构的完全带隙频段和弯曲波带隙是分开的。这就表明，质量块各向同性越好，面密度分布越不均匀，带隙宽度就越宽。由于这里主要关心能在较低频段获得一个较宽的带隙，因此只对半球质量块结构进行更为深入的参数影响分析。从尺寸参数的选择来看，综合考虑带隙频率的范围（期望在 50 Hz 到 200 Hz 之间）和重量相对最轻的设计指标，通过反复计算和参数调整，得到的较为优化的结构尺寸参数。

2.2.2　薄板型单元的带隙形成机理

为了深入分析这种结构的带隙形成机理，图 2-6 给出了半球型结构能带结构 2-5(c) 中标出的几个关键点的模态振型。从图中可以看出，两个 Z 模式的模态振型 A_1 和 A_2 之间形成了图 2-5(c) 所示的带隙。位于禁带中间的两条平直带 B 和 C（完全带隙的下边界）分别对应于结构在横向和纵向的平移振动模态。由于单元结构的对称性，横向和纵向两种振动模式是等效的，因此两种模态在离 Γ 点较远的倒格矢空间范围内发生了能带简并。结构在这种平移共振模态下具有相同的动力学特性，半球质量块带动薄板运动，而四周框架几乎保持静止。这表明，框架可以看作刚性基础，它的存在使内部振动模式完全被单元所局域化，从而当框架与待减振的板件连接时，框架和板件不会振动，而是薄板-质量块单元在振动耗能，从而达到减振的目的。类似地，当声波以空气激励的形式作用在单元上时，就会激起内部硅胶薄板质量块结构的振动，将能量消耗，实现局域共振耗能。这样，由于单元的振动损耗了声波或振动激励的能量，在一定的频段内声波就无法透射，于是就实现了隔声和隔振的效果。

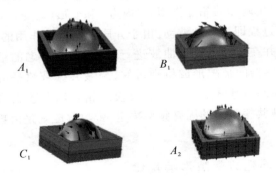

图 2-6　图 2-5(c) 中半球质量块结构的位移场分布

以半球质量块结构为例，由于局域共振的存在，及它与薄板中的行波之间的耦合作用，薄板中原有的弯曲波色散曲线（图 2-5(c) 中所指示出的两条 A_0）

与代表局域共振的平直带相互截断(图 2-5(c)中指示出的 B 和 C),从而产生弯曲波带隙。对于图 2-5(c)中所示能带结构中的局域共振模态 A 和反对称 Lamb 波(兰姆波)(A_0 模态),它们的模态位移场分别如图 2-6 中的 A_1 和 A_2 所示。由于它们的偏振方向都沿厚度方向(Z 方向),模态 A 很容易被在薄板中传播的反对称 Lamb 波激发,它们之间同时也具有较强的耦合作用。在能带结构中对应的能带相交时就会发生能带排斥并相互截断,因此在平直带的上方形成了 Z 方向带隙(即弯曲波带隙)。对于在薄板平面内传播的 XY 模式,从图 2-6 中的 B_1 和 C_1 模态可以看出,振动主要体现为硅橡胶半球的两个扭转变形,同时伴随着轻微的拉伸-压缩变形。该拉伸-压缩变形导致了振子对基体沿 X 和 Y 方向较小的合力作用,该共振模式下振子振动与基体中行波之间的微弱的相互耦合作用,使得一个较窄的完全带隙得以产生,并和弯曲波带隙连在一起。总而言之,弹性波的特性,特别是剪切作用的存在,是导致结构受到垂直入射机械波时也能产生平行于薄板平面方向禁带的主要原因,因为此时,入射机械波只起到激起结构振动模态的作用,能量会被局域化的内部振子所损耗,类似于传统振动理论中的动力吸振器的作用。

对于这类结构,随着薄膜厚度的增加,其对张力的依赖削弱,薄膜的振动接近薄板的特性,所以可以根据薄板中的波动理论进行带隙机理的分析。由薄板的波动理论可知,有限厚度的板中存在一系列的对称和反对称的 Lamb 波模态以及水平剪切波模态。当任意方向(包括垂直于板的方向)的机械波作用到单元上时,相当于给结构施加了一个激励。对于弹性介质,在外力的作用下,介质内相邻部分之间会产生附加的相互作用力(内力)和变形(应变),并使整个结构进入波动状态,这个过程即为弹性波动。由于介质之间剪切作用的存在,就会激发结构的三种模态,并在板内形成弯曲波进行传播。这里考虑的结构属于局域共振型单元,从局域共振的带隙形成机理可知,局域共振带隙是由于局域共振单元中的局域共振模态与基体中传播的行波模式相互耦合造成的。其中,最低带隙频率一般由局域共振单元的固有频率决定,带隙宽度则是由耦合作用的强度所决定。

2.2.3　薄板型单元的带隙影响规律

下面以半球质量块结构为例,讨论结构参数对带隙上下边界和宽度的影响,为带隙调节提供依据。首先,计算了薄板厚度分别为 0.3 mm、0.5 mm、0.7 mm、1 mm 和 1.5 mm 几组结构的能带结构,以分析薄板厚度参数对带隙特性的影响规律。通过能带结构,结合模式分析,得到了带隙上下边界和宽度随薄板厚度的变化关系如图 2-7(a) 所示。可以看出,随着薄板厚度的增加,带隙上下边界和带宽都随之增加,但总体上带隙宽度变化逐渐趋于平缓。对于薄板厚度为 0.3 mm 的结构,带隙宽度只有 28.9 Hz,当薄板厚度增加到 0.5 mm 时,带隙宽度增加至 47.6 Hz,进一步增加薄板厚度至 1 mm 和 1.5 mm 后,带隙宽度分别达到了 73.5 Hz 和 82.5 Hz。图 2-7(b) 为不同质量块半径的几组结构带隙上下边界和宽度的变化规律计算结果,可以看出,随着质量块半径的增加,带隙上下边界和总的带隙宽度都随之增加,而且当质量块半径超过 6 mm 后,曲线的增长速度加快。这和集中质量块的情形是不一样的,对于集中质量块结构,质量块半径的增加同时也意味着质量的增加,相应地共振频率应该往低频移动。这里之所以出现往高频移动的现象,主要是由于质量块尺寸的增加缩小了薄板的有效面积,薄板的刚度也随之增加。图 2-7(c) 考虑了晶格常数变化对带隙特性的影响,从图中可以看出,随着晶格常数从 16 mm 逐渐增加至 24 mm,带隙上下边界和总的带隙宽度随之降低,且当晶格常数超过 20 mm 后,曲线开始变得平缓。这是由于在其他结构参数都不变的情况下,增加晶格常数意味着增加薄板的有效面积,元胞的刚度会降低,所以共振频率会随之降低。

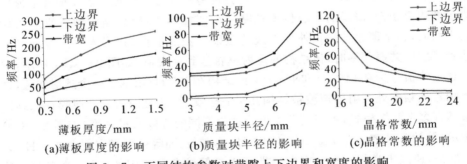

图 2-7　不同结构参数对带隙上下边界和宽度的影响

图 2-7(a) 中,半球质量块的半径固定为 5 mm,晶格常数固定为 14 mm;图 2-7(b) 中,薄板厚度固定为 0.5 mm,晶格常数固定为 20 mm;图 2-7(c) 中,薄板厚度固定为 0.5 mm,半球质量块半径固定为 5 mm。从图 2-7 中各参数变化时带隙宽度的变化趋势来看,如果质量块、薄膜厚度和晶格常数之间不匹配,带隙宽度会趋于 0,也就是不再能打开带隙。这好比一个弹簧质量振动系统,刚度和质量之间需要保持一个合适的比例,否则无法打开带隙。另外,图 2-7(a) 中,不同薄板厚度的结构都能打开完全带隙,并且和弯曲波带隙连在一起;图 2-7(b) 中,当质量块的半径较小时,只能打开弯曲波带隙,不再能打开完全带隙;

图 2-7(c) 中,当晶格常数较小时,可以打开完全带隙,且带隙频带较宽,但随着晶格常数的增加,带隙宽度越来越小,完全带隙也逐渐消失。通过不同质量块形状和不同结构参数对带隙的影响可以看出,这种局域共振系统的性能具有高度可设计性,而不仅仅是由简单的结构刚度和附加质量决定。

2.3　声学超材料的宏观动态等效特性

在我们的常识中,一个物体在受到外力的作用下并不会朝着力的反方向运动;同样我们在压一根弹簧的时候,弹簧也不会反向运动而变长。这是因为在长期以来,我们都是一直认为一个物体的质量和弹性模量是正的。然而声学超材料的出现,打破了这些规律,在特定的结构影响下,可以实现负等效质量密度和负等效弹性模量。

2.3.1　声学超材料的负等效质量特性

2008 年,Yang 等利用薄膜结构设计了一种声学超材料,实现了负等效质量密度[4]。其结构单元如图 2-8(a) 所示,弹性薄膜外边界固定在硬质框架上形成固定的边界条件,薄膜的中心位置粘贴一个圆柱形质量块。当声波垂直射入薄膜平面时,整个薄膜结构在外界声波的激励下做受迫振动。当入射声波的频率达到薄膜的共振频率时,该结构的透射率将达到最大值,如图 2-8(b) 所示,两个透射峰值分别在 145 Hz 和 984 Hz。该结构在 237 Hz 出现了一个透射谷值,这意味着该频率处入射的声波被结构几乎完全反射。这是因为弹性薄膜在低频区域具有多个共振模式,不同的共振模式产生不同的等效质量密度。如图 2-8(c) 所示,等效质量密度在 145 Hz 和 984 Hz 为零值,而等效质量密度在 237 Hz 为发散值,所以声学超材料的声学特性是由其等效参数确定的。通过改变薄膜的

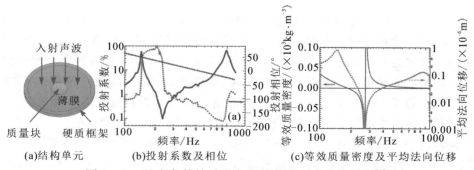

(a)结构单元　　　(b)投射系数及相位　　　(c)等效质量密度及平均法向位移

图 2-8　具有负等效质量密度的薄膜型声学超材料[4]

弹性模量或者中心质量块的质量，可以调节这种薄膜结构的工作频率。杨军等对薄膜型声学超材料的负质量密度特性做了实验验证和理论解释，结果表明在两个最低本征频率之间的某个特定频率处，入射的声波几乎完全被反射，此时整个薄膜面内的平均法向位移为零；还发现薄膜的等效质量密度在全反射频率附近是负值[5]。此外，Lee 等利用弹性薄膜阵列设计了一维声学超材料，在735 Hz 以下也实现了负等效质量密度[6]。

除了薄膜结构，研究者还通过其他声学超材料实现了负等效质量密度。如图 2-9 所示，Chen 等把硬质的空心管看成是一种声学"超原子"，当入射声波的频率达到这种"超原子"的共振频率时，这种结构组成的声学超材料表现出负等效质量密度。通过改变空心管的长度可以调节负等效质量密度的工作频率，利用这种"超原子"，他们分别在空气中和水中实现了负等效质量密度的声学超材料[7,8]。Ma 等提出了耳蜗仿生声学超材料，他们使用简化的参数螺旋结构代替不规则的耳蜗仿生结构，研究表明整个耳蜗是一个具有负等效质量密度的局域共振系统[9,10]。

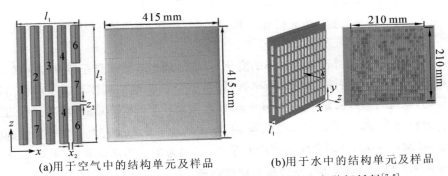

(a)用于空气中的结构单元及样品　　　(b)用于水中的结构单元及样品

图 2-9　　具有负等效质量密度的开口空心管型声学超材料[7,8]

事实上传统的局域共振负有效质量模型可以简化为一个三组元的振子模型，如图 2-10 所示，m 为内部振子的质量，M 为外部基体的质量，U 和 u 分别为基体和振子的位移，K 为弹簧的刚度，$F\sin\omega t$ 为外部施加的简谐力，其中 ω 为激励频率。

对 m 和 M 运用牛顿第二定律和胡克定理可得：

$$\left.\begin{array}{r}m(\mathrm{d}^2u/\mathrm{d}t^2)+2K(u-U)=0\\M(\mathrm{d}^2U/\mathrm{d}t^2)+2K(U-u)=F\end{array}\right\} \tag{2.2}$$

两个式子消去 u 之后可以得到：

$$F = -\omega^2\left(M + \frac{2Km}{m\omega^2 - 2K}\right)U \tag{2.3}$$

如果不考虑简化模型的内部结构,可以将其看成一个具有等效质量 M_{eff} 的整体的结构,即:

$$M_{\text{eff}} = M + \frac{2Km}{2K - m\omega^2} \tag{2.4}$$

上式就是单元结构的动态等效质量,也叫作有效质量。其随频率 ω 的变化曲线如图 2-11 所示。

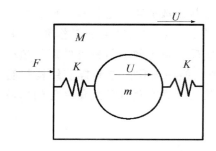
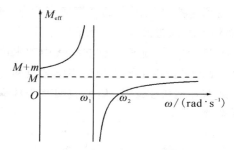

图 2-10 局域共振三组元模型　　图 2-11 动态等效质量随频率的变化关系

可以看出,随着外部激励频率的变化,系统的动态有效质量是逐渐变化的,并表现出不同的振动特性:当激励频率很低时,整个系统包括基体和振子都保持同步运动,系统的等效质量 $M_{\text{eff}} = M + m$;随着激励频率的提高,逐渐增加到接近振子的固有频率,即 $\omega \to \omega_1 = \sqrt{2K/m}$ 时,系统的动态质量远远大于整个系统的静态质量($M_{\text{eff}} \to \infty$),此时系统的响应非常小,表现为振子的局域共振,此时基体对于外部的激励不产生响应;当激励频率提高到 $\omega_2 = \sqrt{2K(m+M)/(mM)}$ 时,公式(2.4)的等效质量 $M_{\text{eff}} = 0$,称为零等效质量,在此频率下系统整体发生共振,该频率点处由于其等效质量为零,当结构受力时,结构本身必然会产生一个很大的加速度,系统会产生很大的响应,膜类声学超材料的吸声特性就是基于零等效质量的情况,通过系统的共振产生能量消耗从而增强吸声系数;随着频率进一步增加直至趋近于无穷大时,内部的局域共振单元跟不上外部基体的振动,从而逐渐趋于静止,此时系统表现为基体的振动,系统的等效质量 $M_{\text{eff}} = M$,共振单元类似于被隔离。

当 $\omega < \omega_1$ 时,$M_{\text{eff}} > 0$,系统的动态等效质量表现为正值;当 $\omega_1 < \omega < \omega_2$ 时,$M_{\text{eff}} < 0$,系统的等效质量表现为负值,也就是常说的负等效质量,在此状态下,结构的弹性波将向反方向传播,会表现出普通材料不具备的良好低频隔声特

性,构成了隔声型声学超材料;当 $\omega = \omega_2$ 时,系统等效质量为零,结构中的弹性波以趋于无穷大的速度传播,构成了另一种吸声型声学超材料。

2.3.2　声学超材料的负等效刚度特性

2006 年,Fang 等设计了一个由亚波长亥姆霍兹共振器组成的一维阵列,通过调整其声感和声容大小,首次在水中实现了超声频段的负等效体积模量[11]。图 2 - 12(a) 是亥姆霍兹共振器的横截面示意图,其材质为铝,开口部分为圆柱形。图 2 - 12(b) 是亥姆霍兹共振器的一维阵列,共振器的开口部分连接一个流体通道。他们通过实验发现这种声学超材料的群速度与相速度在共振频率附近反向。由于通道中声压的变化,亥姆霍兹共振器颈部的流体来回振荡,进而造成空腔中的流体进行绝热的膨胀和压缩。当入射声波频率达到共振频率时,颈部的流体位移会非常大,这表示激励场的大部分能量被存储在共振腔中,此时,即使激励场改变符号,颈部的流体位移也能保持连续性。这意味着当激励场的频率扫过共振频率时,整个结构单元的膨胀和压缩过程正好与外界激励场反相,从而表现出一个负的体积模量响应[12]。图 2 - 12(c) 是该阵列的等效体积模量随频率的变化关系,在共振频率 33 kHz 附近,该模型的等效体积模量的实部为负值。Cheng 等也提出由亥姆霍兹共振器阵列组成的一维超声超材料,该结构具有一个完全带隙,在该处等效质量密度和等效体积模量同时为负值[13],他们还利用声传输线法计算透射系数、波矢、质量密度、体积模量等参数。如图 2 - 12(d) 所示,Lee 等制备了一种具有侧孔阵列的一维声学超材料,利用理论和实验证明了这种声学超材料在 450 Hz 以下范围内实现了负等效体积模量[14]。如图 1 - 12(e) 所示,Ding 等利用一种开口空心球阵列设计了二维声学超材料,通过实验测试和数值仿真证明在共振频率 5 kHz 附近,这种声学超材料出现了一个透射谷值和透射相位突变[15],他们利用等效介质理论计算发现该结构在共振频率附近具有负的等效体积模量。García-Chocano 等在二维波导的一侧按照三角晶格周期分布圆柱状旁支管,实现了负等效体积模量的准二维声学超材料[16]。Shen 和 Jing 设计了一维波导中由两个或四个分支开口组成的声学超材料,通过理论研究和数值模拟表明该结构具有较宽频带的负等效体积模量[17],他们还建立集总模型进行理论分析,计算并比较不同结构的负等效体积模量的带宽,结果表明该结构的带宽比传统的单分支结构提高了 100%。

上述基于管道或者腔体实现负等效体积模量的声学超材料,其结构往往比较坚硬,而且往往比较重。2015 年,Jing 等利用一种气球状软质共振器的单极共振特性实现了负等效体积模量[18]。他们选取了两种软共振单元,分别为小气球

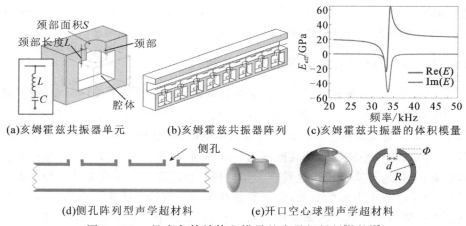

(a)亥姆霍兹共振器单元　　(b)亥姆霍兹共振器阵列　　(c)亥姆霍兹共振器的体积模量

(d)侧孔阵列型声学超材料　　　　(e)开口空心球型声学超材料

图 2-12　具有负等效体积模量的声学超材料[11,14,15]

和空心橡胶球,如图 2-13(a) 所示,内部填充的流体介质均为空气。这两种共振单元被排布成三层阵列进行实验测试和理论研究,结果表明这两种共振单元均在各自的共振频率附近表现出负等效体积模量。图 2-13(b) 展示了共振单元为小气球的等效体积模量实部和虚部随频率的变化关系,该结构的等效体积模量的实部在 1.5 kHz 附近为负值。

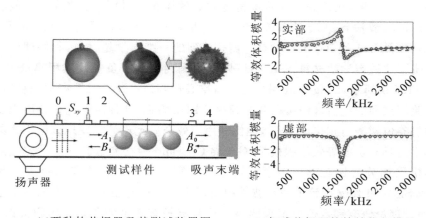

(a)两种软共振器及其测试装置图　　(b)气球共振器的等效体积模量

图 2-13　具有负等效体积模量的软共振器[18]

2.3.3　声学超材料的双负等效特性

一般地,我们将等效质量密度和等效体积模量同时为负的声学超材料称为双负声学超材料[19]。双负声学超材料一方面可以通过将工作在同一频率的两种不同的单负材料组合在一起来实现。2010 年，Lee 等首次从实验上实现双负声学超材料，其结构如图 2-14(a) 所示，该单元把能产生负等效质量密度的弹性薄膜和能产生负等效体积模量的含侧孔管道结合起来[20~22]。这种复合结构的负等效质量密度的频率范围为 0 ~ 735 Hz，而负等效体积模量的频率范围为 0 ~ 450 Hz；这两个材料参数在频率大于 735 Hz 的范围内均为正值，该频带为通带，声波可以透过；等效质量密度在频率 450 ~ 735 Hz 的范围内为负值，该频带为带隙，声波不能透过；两个材料参数在频率小于 450 Hz 的范围内均为负值，该频带为通带，声波可以透过，但是具有负的相速度。随后，Graciá-Salgado 等提出一种准二维的声学超材料[23,24]，其结构如图 2-14(b) 所示，该模型在 García-Chocano 等提出的声学超材料的基础上[16]，通过在旁支管内部插入一个高度为旁支管长度和波导高度总和的各向异性散射体来获得双负等效参数，该结构可以通过调整散射体的材料尺寸和性质来调控双负等效参数。如图 2-14(c) 所示，Chen 等提出将空心钢管附着在海绵上来实现负等效质量密度，并将其和开孔空心球结合在一起，获得了一种双负声学超材料[25]。此外，他们将空心钢管侧边开孔，并将其与开孔空心球进行组合，在水中实现了超声频段 36.68 ~ 36.96 kHz 范围内的双负声学超材料，该频段内等效折射率也为负值，通过实验测量也证实了该结构可以实现平板聚焦[26]。Mahesh 和 Nair 设计了基于薄膜结构的亥姆霍兹共振器，该结构可实现负等效质量密度和负等效体积模量[27]。

　　双负声学超材料另一方面也可以通过一个共振单元实现。由于负等效质量密度对应偶极共振，负等效体积模量对应单极共振，当一个共振单元同时具有单极和偶极共振特征时，该共振单元就可以用来实现双负或者在不同的频率处分别实现负等效质量密度和负等效体积模量。2004 年，Li 和 Chan 将软硅橡胶球置于水中，获得了水声领域的双负声学超材料，而且可以通过提高硅橡胶小球的填充比来获得更宽的双负频带[28]。Yang 等利用单个共振单元在实验上设计出一种双负声学超材料，该结构如图 2-14(d) 所示，这种共振单元由两层薄膜组成，上下两层薄膜的尺寸完全相同，薄膜中心附着质量块[29]。这两层薄膜的边缘均固定在圆柱形的侧壁上，它们还通过一个塑料圆环相连。双层薄膜可形成两个共振模式：偶对称模式和奇对称模式，双层薄膜在偶对称模式下表现为同相位运动，此时是偶极共振模态，对应频率分别为 290.1 Hz 和 834.1 Hz，该处表现出负等效质量密度；双层薄膜在奇对称模式下表现出反相位运动，此时是单极共振模态，对应频率为 522.6 Hz，该处表现出负等效体积模量。这种耦合结构的双负等效参数的频率范围是 520 ~ 830 Hz。Brunet 等将多孔硅橡胶小球的软共振单元置于水中,制作出一种具有负折射率的水基软声学超材料[30]。随后,Guild 等指出气凝胶是一种能够工作于空气中的软声学超材料,他们将软声学超材料的概念从水声扩展到空气声中,分别从理论和实验上验证气凝胶的宽带负声学响应[31]。

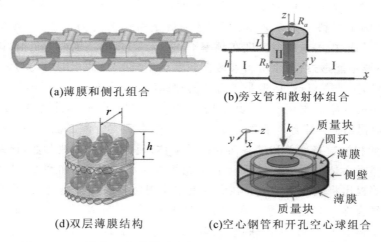

(a)薄膜和侧孔组合　　　　　　(b)旁支管和散射体组合

(d)双层薄膜结构　　　　　　(c)空心钢管和开孔空心球组合

图 2-14　　具有双负等效参数的局域共振型声学超材料[20,23,25,29]

此外,2015 年,Kaina 等提出一种新方法来实现双负声学超材料,即用两个共振频率相同或者共振频率有较小差异的共振单元替换单负材料中一个共振单元[32]。通过这种操作可以打破晶格原有的对称性来实现从单负材料参数到双负材料参数的转变,他们基于上述思想利用亥姆霍兹共振器(易拉罐)从理论上实现具有双负等效参数的声学超材料,并利用此超材料制作的超透镜实现了亚波长聚焦和超分辨率成像。相对于通过组合薄膜和亥姆霍兹共振器两种共振单元来实现双负参数的设计,上述结构仅利用亥姆霍兹共振器就能实现双负等效参数,该方法大大简化了双负声学超材料的设计和制作。

上述单负或者双负超材料的实现大多是基于局域共振机理,其负声学响应往往局限在共振频率附近的一小段频率范围内,工作带宽较窄。2012 年,Liang 等基于空间折叠结构从理论上获得双负等效参数,该结构如图 2-15(a)所示,该双负参数的实现来源于空间折叠效应而不是局域共振机理,因此其双负参数不会有局域共振带来的窄带宽的限制[33]。随后,Xie 等利用图 2-15(b)所示的模型从实验上验证了上述设计体现的负折射率现象,他们利用测量的透射系数和反射系数反求了等效参数,并测量以迷宫结构制作的二维棱镜的透射角,这些都证明了负折射率的本质特征[34]。Cheng 等利用图 2-15(c) 所示的空间折叠结构在不同的频率范围内分别实现了负等效质量密度和负等效体积模量[35]。如图 2-15(d) 所示，Maurya 等将空间折叠型双负声学超材料的概念从二维扩展到三维，提出并制作了三维结构的双负声学超材料，并从实验上验证了该双负声学超材料的宽带特性[36]。此后，他们还提出利用空间折叠型超材料的透射相位来预测双负特性[37]。Fu 等利用如图 2-15(e) 所示空间折叠结构设计并制作了一种各向同性、具有负等效参数的球状声学超材料，上述超材料在不同的频率区间分别表现出单极子和偶极子共振特征，这些特征分别从理论和实验上被验证[38]。

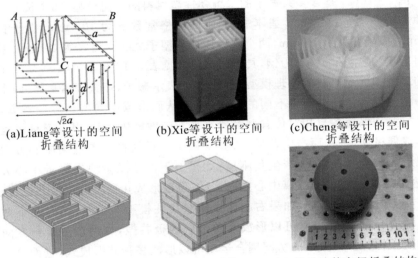

(a)Liang等设计的空间
折叠结构

(b)Xie等设计的空间
折叠结构

(c)Cheng等设计的空间
折叠结构

(d)Maurya等设计的二维和三维空间折叠结构　　　(e)Fu等设计的空间折叠结构合

图 2-15　具有双负等效参数的空间折叠型声学超材料[33-36,38]

2.4　含多共振子介观单元的声学超材料双负动态等效特性

随着对声学超材料的深入研究，人们发现超材料的动态材料参数是引起诸多异常声学特性的主要原因，比如在低频段出现单负材料属性（负等效质量密度或负等效弹性模量）时，将产生低频完全带隙，声波在其中禁止传播；当实现双负材料属性（负等效质量密度和负等效弹性模量）时，将产生声波负折射现象；当实现各向异性材料属性时，声波在其中传播时会发生绕射现象，从而实现声隐身。因此,声学超材料的动态等效参数研究就显得尤为重要。等效介质理论是求解等效参数的基础,也是声学超材料研究的核心内容。本节通过设计含多共振子的弹性超材料,采用整体边界法获得四种负等效参数,包括负等效质量密度、负等效体积模量、正交方向负等效剪切模量和对角方向负等效剪切模量,并利用负等效参数的杂化耦合得到三条不同的负能带。该方法基于有限元计算,使用方便、计算准确,非常适合求解复杂弹性超材料的等效参数。

2.4.1 杂化耦合能带的物理特性分析

1. 模型的建立与分析

图 2-16(a) 是含多共振子的二维弹性超材料的几何模型,四个长方形振子绕原胞中心均布在正方形基体中。原胞的晶格常数 a 为 100 mm,振子长 c 为 24 mm,振子宽 b 为 16 mm,两个水平或竖直振子之间距离 d 为 24 mm。基体的材料为泡沫,振子的材料为钢,具体材料参数见表 2.1。图 2-16(b) 是含多共振子的二维弹性超材料的物理模型,质量块 m 表示振子,弹簧表示基体。四个质量块的协同耦合运动会产生不同的共振形式,从而形成不同的负等效参数。如果四个质量块保持各自相对位置并沿着水平方向做整体运动,其与基体的运动可以形成偶极共振,从而产生负质量;如果四个质量块都沿着远离中心方向运动可以形成单极共振,从而产生负刚度;如果上下两个质量块做靠近中心方向运动,左右两个质量块做远离中心方向运动,可以形成正交方向四极共振,从而产生正交方向的剪切刚度。如果右上两个质量块往模型右上角运动,左下两个质量块往模型左下角运动,可以形成对角方向四极共振,从而产生对角方向的剪切刚度。因此,多共振子的协同耦合运动可以形成多种共振模式,进而可以产生多种负等效参数。

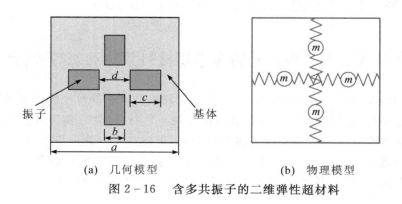

| (a)　几何模型 | (b)　物理模型 |

图 2-16　含多共振子的二维弹性超材料

表 2.1　二维弹性超材料的材料参数

材料名称	密度 $\rho/(\text{kg} \cdot \text{m}^{-3})$	Lamé 常数 λ/GPa	Lamé 常数 μ/GPa
泡沫	115	6×10^{-3}	3×10^{-3}
钢	7900	111	82.8

2. 杂化耦合能带的形成机理

图 2-17 是采用有限元法计算的含多共振子的二维弹性超材料的能带结构图,图中三条灰色能带的斜率从 Γ 点到 X 点或 M 点是负数,所以这三条能带是负能带,也称为杂化耦合能带。第一条杂化耦合能带的频率范围是 405 ～ 545 Hz,带宽是 140 Hz;第二条杂化耦合能带的频率范围是 664 ～ 740 Hz,带宽是 76 Hz;第三条杂化耦合能带的频率范围是 817 ～ 854 Hz,带宽是 37 Hz。原胞中的动能在研究的频率范围内主要集中在振子的平移运动和旋转运动,因此可得知振子的运动是形成杂化耦合能带的根本原因。在 800 Hz 左右,基体中的横波和纵波波长分别约是 20 cm 和 40 cm,原胞的晶格尺寸是 10 cm,所以在研究的频率范围内原胞的尺寸小于对应的波长。

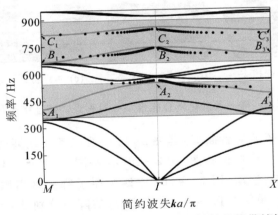

图 2-17　含多共振子的二维弹性超材料的能带结构图

为清楚地揭示杂化耦合能带的形成机理,我们需要对杂化耦合能带上高对称点的特征模态进行细致分析。由于振子的整体运动可以形成偶极共振,从而产生负等效质量密度;振子的相对运动可以形成单极共振或四极共振,从而产生负等效模量。因此,分析杂化耦合能带的特征模态可以揭示哪些共振模式或哪些负等效参数形成了杂化耦合能带。

　　图2-18(彩图见书后插页)是图2-17中第一条杂化耦合能带中高对称点 $A_1 \sim A_3$ 的特征模态位移图,特征模态位移图中颜色代表位移场的幅值,蓝色和红色分别代表最小和最大的位移幅值,圆锥代表位移方向。图中上下振子往靠近原胞中心方向移动,左右振子往远离原胞中心方向移动,该振型是正交方向四极共振图。A_1 点和 A_3 点分别是 ΓX 和 ΓM 方向上形成正交方向四极共振的起始点,而 A_2 点是形成正交方向四极共振的终止点。第一条杂化耦合能带位于偶极共振形成的带隙内,所以第一条杂化耦合能带是由正交方向四极共振和偶极共振杂化形成。由四极共振产生负等效剪切模量可知,A_1 点和 A_3 点分别是 ΓX 和 ΓM 方向上正交方向负等效剪切模量的起始点,对应着零值等效剪切模量;而 A_2 点是正交方向负等效剪切模量的终止点,对应着发散值等效剪切模量。第一条杂化耦合能带范围内正交方向等效剪切模量为负值,并且该范围内等效质量密度为负值,所以第一条杂化耦合能带也可以理解为由负等效质量密度和正交方向负等效剪切模量杂化耦合形成。

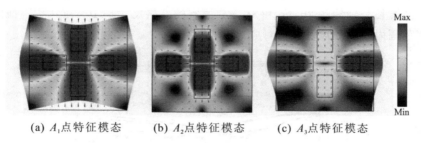

(a) A_1点特征模态　　　(b) A_2点特征模态　　　(c) A_3点特征模态

图2-18　第一条杂化耦合能带中高对称点的特征模态位移图

　　图2-19(彩图见书后插页)是图2-17中第二条杂化耦合能带中高对称点 $B_1 \sim B_3$ 的特征模态位移图,图2-19(a)和图2-19(c)中四个振子都往靠近原胞中心方向移动,图2-4(b)中四个振子都往远离原胞中心方向移动,三个模态都是单极共振图。B_1 点和 B_3 点的阵型分别是 ΓX 和 ΓM 方向上单极共振的起始点,而 B_2 点是单极共振的终止点。第二条杂化耦合能带位于偶极共振形成的带隙内,所以第二条杂化耦合能带是由单极共振和偶极共振杂化形成。由单极共振产生负等效体积模量可知,B_1 点和 B_3 点分别是 ΓX 和 ΓM 方向上负等效体积模量的起始点,对应着零值等效体积模量;而 B_2 点是负等效体积模量的终止点,对应着发散值等效体积模量。第二条杂化耦合能带范围内等效体积模量为负值,并且该范围内等效质量密度为负

值,所以第二条杂化耦合能带也可以理解为由负等效质量密度和负等效体积模量杂化耦合形成。

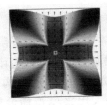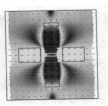

(a) B_1 点特征模态　　　(b) B_2 点特征模态　　　(c) B_3 点特征模态

图 2 - 19　第二条杂化耦合能带中高对称点的特征模态位移图

　　图 2 - 20(彩图见书后插页)是图 2 - 17 中第三条杂化耦合能带中高对称点 $C_1 \sim C_3$ 的特征模态位移图,图 2 - 20(a) 和图 2 - 20(c) 中四个振子绕各自中心旋转并且在负对角方向上形成四极共振,图 2 - 20(b) 中四个振子绕各自中心旋转并且在正对角方向上形成四极共振。C_1 点和 C_3 点的阵型分别是 ΓX 和 ΓM 方向上形成对角方向四极共振的起始点,而 C_2 点是对角方向四极共振的终止点。第三条杂化耦合能带位于偶极共振形成的带隙内,所以第三条杂化耦合能带是由对角方向四极共振和偶极共振杂化形成。由四极共振产生负等效剪切模量可知,C_1 点和 C_3 点分别是 ΓX 和 ΓM 方向上对角方向负等效剪切模量的起始点,对应着零值等效剪切模量;而 C_2 点是对角方向负等效剪切模量的终止点,对应着发散值等效剪切模量。第三条杂化耦合能带范围内对角方向等效剪切模量为负值,并且该范围内等效质量密度为负值,所以第三条杂化耦合能带也可以理解为由负等效质量密度和对角方向负等效剪切模量杂化耦合形成。

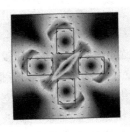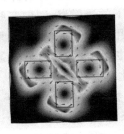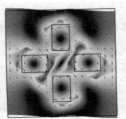

(a) C_1 点特征模态　　　　(b) C_2 点特征模态　　　　(c) C_3 点特征模态

图 2 - 20　第三条杂化耦合能带中高对称点的特征模态位移图

每条杂化耦合能带都是由偶极共振和单极共振或四极共振杂化形成的,杂化耦合能带也可以理解为由负等效质量密度和负等效模量杂化耦合形成。此外,杂化耦合能带具有非零的群速度,能量也可以在其中传播。

3. 杂化耦合能带的传输特性

特征模态分析揭示了杂化耦合能带的形成机理,本部分将利用有限周期结构的透射谱分析杂化耦合能带的传输特性。图2-21是计算ΓX方向有限周期结构透射谱的示意图,模型x方向采用7层周期结构,y方向采用1层结构;模型的上下边界施加周期边界条件;模型的左边施加纵向输入用来模拟横波输入、施加横向输入用来模拟纵波输入;模型的两侧施加完美匹配层(Perfect Matched Layer,PML)用来吸收反射波,PML可以逐渐吸收结构中的弹性波扰动且不产生反射,通常PML的宽度设置为一个纵波波长。

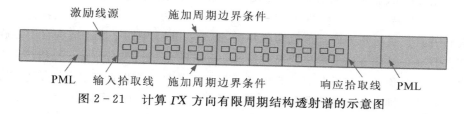

图 2-21 计算 ΓX 方向有限周期结构透射谱的示意图

在激励处施加单位幅值的力载荷或位移载荷,在输入端和响应端拾取相同的物理量(力或位移),透射谱用如下的形式表示:

$$T = 20\lg\left(\frac{U_{\mathrm{t}}}{U_{\mathrm{i}}}\right) \tag{2.5}$$

式中:U_{i} 为输入端物理量;U_{t} 为响应端物理量。

图2-22是有限周期结构在ΓX方向的透射谱,图2-22(a)是纵向输入下的透射谱,图2-22(b)是横向输入下的透射谱。图中实线表示纵波的透射谱,用p来表示;虚线表示横波的透射谱,用s来表示;三组点划线表示三条杂化耦合能带的频率范围。在纵向输入下,横波在第一条和第二条杂化耦合能带中有较大的衰减,因此第一条和第二条杂化耦合能带只允许纵波传播而禁止横波传播,此时弹性超材料表现出"类流体"特征。在横向输入下,纵波在第三条杂化耦合能带中有较大的衰减,因此第三条杂化耦合能带只允许横波传播而禁止纵波传播,此时弹性超材料表现出"不可压缩固体"特征。透射谱的计算说明在不同方向的输入下,杂化耦合能带对弹性波的传播具有选择性。

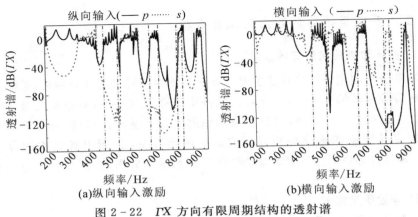

(a)纵向输入激励　　　　　　　　　　(b)横向输入激励

图 2-22　ΓX 方向有限周期结构的透射谱

图 2-23 是有限周期结构在 ΓM 方向的透射谱,图 2-23(a) 是纵向输入下的透射谱,图 2-23(b) 是横向输入下的透射谱。图中各线的含义同图 2-22。在纵向输入下,横波在第二条和第三条杂化耦合能带中有较大的衰减,因此第二条和第三条杂化耦合能带只允许纵波传播而禁止横波传播,此时弹性超材料表现出"类流体"特征。在横向输入下,纵波在第一条杂化耦合能带中有较大的衰减,因此第一条杂化耦合能带只允许横波传播而禁止纵波传播,此时弹性超材料表现出"不可压缩固体"特征。

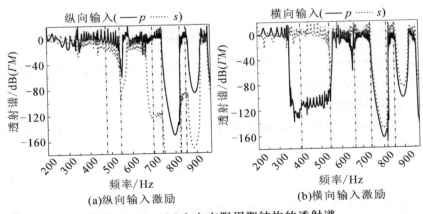

(a)纵向输入激励　　　　　　　　　　(b)横向输入激励

图 2-23　ΓM 方向有限周期结构的透射谱

对比 ΓX 和 ΓM 方向的传输谱发现在相同方向的输入下,杂化耦合能带在不同波矢方向的传输特性也不同,这说明杂化耦合能带中弹性波的传输特性受波矢方向和输入方向的双重影响。

2.4.2 多负等效参数的杂化耦合分析

1. 整体边界法求解等效参数

本部分将利用整体边界法求解二维复杂弹性超材料的等效参数,整体边界法求解等效参数的步骤是:在有限元软件中建立原胞模型,对原胞的整体外边界施加强制位移边界条件,求解加载后原胞的应力场和位移场,再根据等效参数的定义从原胞的整体外边界提取对应的物理量,进而求解结构的等效参数[38]。整体边界法适用于求解复杂弹性超材料的等效参数,因而应用范围较为广泛。

1) 等效质量密度

求解等效质量密度 ρ_{eff}^i 时,在原胞的四个边界施加 i 方向的随时间简谐变化的位移 $U_0 e^{i\omega t}$ 或应力 $F_0 e^{i\omega t}$,即可得到原胞内的局部位移 u_i 和局部应力 σ_{ij},其中 $i,j = x,y$。忽略不同边界上位移相位的差别,则等效质量密度可以通过四条边界上的平均物理量来确定,即

$$\rho_{\mathrm{eff}}^i = \frac{F_i}{A_i} \tag{2.6}$$

式中:F_i 为四条边界上的平均反作用力;A_i 为四条边界上的平均加速度。

平均反作用力和平均加速度的具体形式为

$$F_i = \frac{1}{S} \int_L \sigma_{ij} n_j \mathrm{d}l \tag{2.7}$$

$$A_i = \frac{1}{L} \int_L \ddot{u}_i \mathrm{d}l \tag{2.8}$$

式中:n_i 为边界的单位法向量大小;S 为原胞的面积;L 为原胞的外边界周长;$\mathrm{d}l$ 为原胞外边界周长的微元。

2) 等效体积模量

求解等效体积模量时,需要使原胞产生全局静水压力变形,相应的体积应变为

$$\boldsymbol{\varepsilon}_{\mathrm{b}} = \varepsilon_0 \begin{bmatrix} 1 & 0 \\ 0 & 1 \end{bmatrix} \tag{2.9}$$

原胞外边界的位移和体积应变关系是 $\boldsymbol{u}_{\mathrm{b}} = \boldsymbol{\varepsilon}_{\mathrm{b}} \cdot \boldsymbol{r}$,$\boldsymbol{r}$ 是位置矢量,因此对外边界施加的位移条件为

$$\boldsymbol{u}_{\mathrm{b}} = \begin{bmatrix} 1 & 0 \\ 0 & 1 \end{bmatrix} \begin{bmatrix} x \\ y \end{bmatrix} \tag{2.10}$$

原胞外边界的全局应力和全局应变分别为

$$\bar{\sigma}_{ij} = \frac{1}{S} \int_L \sigma_{ik} x_j n_k \, \mathrm{d}l \tag{2.11}$$

$$\bar{\varepsilon}_{ij} = \frac{1}{2S} \int_L (u_i n_j + u_j n_i) \, \mathrm{d}l \tag{2.12}$$

等效体积模量为

$$\kappa_{\mathrm{eff}} = \frac{\sum \bar{\sigma}_{ii}}{2 \sum \bar{\varepsilon}_{ii}} = \frac{\bar{\sigma}_{xx} + \bar{\sigma}_{yy}}{2(\bar{\varepsilon}_{xx} + \bar{\varepsilon}_{yy})} \tag{2.13}$$

3）等效剪切模量

求解等效剪切模量时,需要使原胞产生纯剪切变形,ΓX 方向上纯剪切变形对应的应变为

$$\boldsymbol{\varepsilon}_{\mathrm{s}} = \varepsilon_0 \begin{bmatrix} 1 & 0 \\ 0 & -1 \end{bmatrix} \tag{2.14}$$

原胞外边界的位移和剪切应变关系是 $\boldsymbol{u}_{\mathrm{s}} = \boldsymbol{\varepsilon}_{\mathrm{s}} \cdot \boldsymbol{r}$,因此对外边界施加的位移条件为

$$\boldsymbol{u}_{\mathrm{s}} = \begin{bmatrix} 1 & 0 \\ 0 & -1 \end{bmatrix} \begin{bmatrix} x \\ y \end{bmatrix} \tag{2.15}$$

此时 ΓX 方向上等效剪切模量为

$$\mu_{\mathrm{eff}} = \frac{\bar{\sigma}'_{ii}}{2\bar{\varepsilon}'_{ii}} = \frac{\bar{\sigma}_{xx} - \bar{\sigma}_{yy}}{2(\bar{\varepsilon}_{xx} - \bar{\varepsilon}_{xx})} \tag{2.16}$$

ΓM 方向上纯剪切变形对应的应变为

$$\boldsymbol{\varepsilon}'_{\mathrm{s}} = \varepsilon_0 \begin{bmatrix} 0 & 1 \\ 1 & 0 \end{bmatrix} \tag{2.17}$$

原胞外边界的位移和剪切应变关系是 $\boldsymbol{u}'_{\mathrm{s}} = \boldsymbol{\varepsilon}'_{\mathrm{s}} \cdot \boldsymbol{r}$,因此对外边界施加的位移条件为

$$\boldsymbol{u}'_{\mathrm{s}} = \begin{bmatrix} 0 & 1 \\ 1 & 0 \end{bmatrix} \begin{bmatrix} x \\ y \end{bmatrix} \tag{2.18}$$

此时 ΓM 方向上等效剪切模量为

$$\mu'_{\mathrm{eff}} = \frac{\bar{\sigma}_{ij}}{2\bar{\varepsilon}_{ij}} = \frac{\bar{\sigma}_{xy}}{2\bar{\varepsilon}_{xy}} \tag{2.19}$$

采用整体边界法求解含多共振子的二维弹性超材料的等效参数,求解的等效参数包括等效质量密度 ρ_{eff}、等效体积模量 κ_{eff}、正交方向等效剪切模量 μ_{eff} 和对角方向剪切模量 μ'_{eff}。在长波长假设下等效参数只依赖于频率而不依赖于波矢方向,但是图 2-17 所示的能带图显示 ΓX 和 ΓM 方向的三条杂化耦合能带不是完全对称的。因此,为了更好地分析杂化耦合能带在不同波矢方向的传输特

性,本书依次求解了 ΓX 和 ΓM 方向的等效参数。

图 2-24 是求解的 ΓX 方向的等效参数,图 2-24(a) 是求解的简约等效质量密度 $\rho_{\text{eff}}/\rho_{\text{f}}$, ρ_{f} 是基体的质量密度,负等效质量密度的范围是 348 ~ 661 Hz 和 664 ~ 898 Hz;图 2-24(b) 是求解的简约等效体积模量 $\kappa_{\text{eff}}/\mu_{\text{f}}$, μ_{f} 是基体的剪切模量,负等效体积模量的范围是 682 ~ 750 Hz;图 2-24(c) 是正交方向简约等效剪切模量 $\mu_{\text{eff}}/\mu_{\text{f}}$,正交方向负等效剪切模量的范围是 444 ~ 566 Hz;图 2-24(d) 是对角方向简约等效剪切模量 $\mu'_{\text{eff}}/\mu_{\text{f}}$,对角方向负等效剪切模量的范围是 597 ~ 655 Hz 和 827 ~ 856 Hz;图中实线标记的是采用整体边界法求解的结果,符号标记的是采用 Lai 等文献中方法求解的结果[39],两种方法计算的四种等效参数非常吻合,说明使用整体边界法计算的等效参数非常准确。两种方法求解等效参数的步骤是相同的,即在有限元软件中建立原胞模型,对原胞施加外载荷,求解加载后原胞的应力场和位移场,从原胞的外边界提取对应的物理量,根据等效参数的定义求解结构的等效参数。而两种方法的加载方式不同,整体边界法中求解不同的等效参数施加不同的强制位移边界条件,文献中方法是对原胞施加不同的输入波;两种方法提取边界物理量方式也不同,整体边界法提取原胞外边界的整体物理量,并且引入方向向量,因此整体边界法可以处理原胞形状比较复杂的结构,而文献中方法针对不同的边界提取不同的物理量。当原胞是六边形晶格结构时,整体边界法在计算方面更有优势。

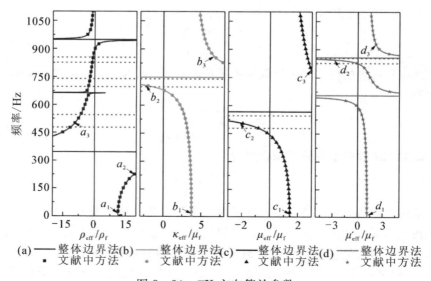

图 2-24　ΓX 方向等效参数

为求解 ΓM 方向的等效参数,将原胞绕其中心旋转 $45°$,使原胞对角方向转到水平方向,再利用整体边界法求解等效参数。图 2-25 是求解的 ΓM 方向的等效参数示意图,图 2-25(a) 是求解的简约等效质量密度 $\rho_{\text{eff}}/\rho_{\text{f}}$,负等效质量密度的范围是 $348 \sim 661$ Hz 和 $664 \sim 898$ Hz;图 2-25(b) 是求解的简约等效体积模量 $\kappa_{\text{eff}}/\mu_{\text{f}}$,负等效体积模量的范围是 $682 \sim 750$ Hz;图 2-25(c) 是求解的正交方向简约等效剪切模量 $\mu_{\text{eff}}/\mu_{\text{f}}$,正交方向负等效剪切模量的范围是 $444 \sim 566$ Hz;图 2-25(d) 是求解的对角方向简约等效剪切模量 $\mu'_{\text{eff}}/\mu_{\text{f}}$,对角方向负等效剪切模量的范围是 $597 \sim 655$ Hz 和 $827 \sim 856$ Hz。

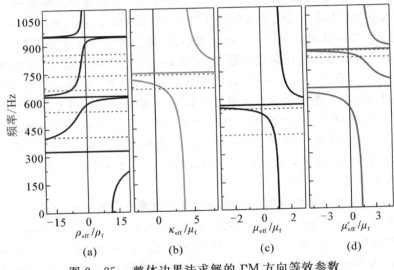

图 2-25　整体边界法求解的 ΓM 方向等效参数

对比 ΓX 和 ΓM 方向求解的等效参数,两个波矢方向上负等效参数的频率范围完全相同,这验证了在长波长假设下等效参数只依赖于频率而不依赖于波矢方向。

2. 多负等效参数的杂化耦合分析

ΓX 方向的纵波和横波波速分别为

$$v_{\text{p}} = \sqrt{\frac{\kappa_{\text{eff}} + \mu_{\text{eff}}}{\rho_{\text{eff}}}} \tag{2.20}$$

$$v_{\text{t}} = \sqrt{\frac{\mu'_{\text{eff}}}{\rho_{\text{eff}}}} \tag{2.21}$$

定义 ΓX 方向的等效纵波模量为 $E_{\text{eff}} = \kappa_{\text{eff}} + \mu_{\text{eff}}$。

　　图2-24中三组虚线分别代表ΓX方向的三条杂化耦合能带的频率范围。在第一条杂化耦合能带内,等效质量密度ρ_{eff}为负值,正交方向等效剪切模量μ_{eff}为负值,进而导致等效纵波模量E_{eff}也为负值。第一条杂化耦合能带的下限对应着正交方向的零值等效剪切模量,上限对应着正交方向的发散值等效剪切模量,这和能带图中根据高对称点特征模态的预测相吻合。根据ΓX方向的纵波和横波的波速表达式,第一条杂化耦合能带内允许纵波以负的群速度传播而禁止横波传播,这与图2-22(a)在纵向输入下的传输谱一致。在第二条杂化耦合能带内,等效质量密度ρ_{eff}为负值、等效体积模量κ_{eff}为负值,进而导致等效纵波模量E_{eff}也为负值。第二条杂化耦合能带的下限对应着零值等效体积模量,上限对应着发散值等效体积模量,这也和能带图中根据高对称点特征模态的预测相吻合。根据ΓX方向的纵波和横波的波速表达式,第二条杂化耦合能带内允许纵波以负的群速度传播而禁止横波传播,这与图2-22(a)在纵向输入下的传输谱一致。在第三条杂化耦合能带内,等效质量密度ρ_{eff}为负值、对角方向等效剪切模量μ'_{eff}为负值。第三条杂化耦合能带的下限对应着对角方向的零值等效剪切模量,上限对应着对角方向的发散值等效剪切模量,这也和能带图中根据高对称点特征模态的预测相吻合。根据ΓX方向的纵波和横波的波速表达式,第三条杂化耦合能带内允许横波以负的群速度传播而禁止纵波传播,这与图2-22(b)在横向输入下的传输谱一致。

　　ΓX方向上通过等效参数预测的杂化耦合能带的传输特性和求解的传输特性完全吻合,说明负等效参数是杂化耦合能带产生的根本原因。我们用ΓX方向计算的等效参数反求能带结构,反求的三条杂化耦合能带在图2-17中用黑色的点表示,反求的杂化耦合能带和计算的杂化耦合能带基本吻合。因此本部分中求解的等效参数是完全正确的,并且计算的等效参数完全可以预测杂化耦合能带的传输特性。

　　ΓM方向的纵波和横波波速分别为

$$v_{\text{p}} = \sqrt{\frac{\kappa_{\text{eff}} + \mu'_{\text{eff}}}{\rho_{\text{eff}}}} \tag{2.22}$$

$$v_{\text{t}} = \sqrt{\frac{\mu_{\text{eff}}}{\rho_{\text{eff}}}} \tag{2.23}$$

　　定义ΓM方向的等效纵波模量为$E'_{\text{eff}} = \kappa_{\text{eff}} + \mu'_{\text{eff}}$。

　　图2-25中三组虚线分别代表ΓM方向的三条杂化耦合能带的频率范围。在第一条杂化耦合能带内,等效质量密度ρ_{eff}为负值、正交方向等效剪切模量μ_{eff}为负值。第一条杂化耦合能带的下限对应着正交方向的零值等效剪切模量,上

限对应着正交方向的发散值等效剪切模量,这和能带图中根据高对称点特征模态的预测相吻合。根据 ΓM 方向的纵波和横波的波速表达式,第一条杂化耦合能带内允许横波以负的群速度传播而禁止纵波传播,这与图 2-23(b) 在横向输入下的传输谱一致。在第二条杂化耦合能带内,等效质量密度 ρ_{eff} 为负值、等效体积模量 κ_{eff} 为负值,进而导致等效纵波模量 E'_{eff} 也为负值。第二条杂化耦合能带的下限对应着零值等效体积模量,上限对应着发散值等效体积模量,这也和能带图中根据高对称点特征模态的预测相吻合。根据 ΓM 方向的纵波和横波的波速表达式,第二条杂化耦合能带内允许纵波以负的群速度传播而禁止横波传播,这与图 2-23(a) 在纵向输入下的传输谱一致。在第三条杂化耦合能带内,等效质量密度 ρ_{eff} 为负值、对角方向等效剪切模量 μ'_{eff} 为负值,进而导致等效纵波模量 E'_{eff} 也为负值。第三条杂化耦合能带的下限对应着对角方向的零值等效剪切模量,上限对应着对角方向的发散值等效剪切模量,这也和能带图中根据高对称点特征模态的预测相吻合。根据 ΓM 方向的纵波和横波的波速表达式,可知第三条杂化耦合能带内允许纵波以负的群速度传播而禁止横波传播,这与图 2-23(a) 在纵向输入下的传输谱一致。

　　用 ΓM 方向计算的等效参数反求能带结构,反求的三条杂化耦合能带在图 2-17 中用黑色的点表示。除了第一条杂化耦合能带,其他反求的杂化耦合能带和计算的杂化耦合能带吻合程度较好,主要原因是计算的正交方向负等效剪切模量的频率范围远小于杂化耦合能带的频率范围。在第一条杂化耦合能带的频率范围内还存在一条正能带,正能带的正交方向等效剪切模量为正值,这导致正交方向等效剪切模量的负值范围变小。而第二条和第三条杂化耦合能带是单独存在的,其频率范围内没有其他能带,因此计算的负等效模量较为准确,反求的杂化耦合能带也比较准确。由此可知求解的 ΓM 方向的等效参数基本正确,并且计算的等效参数完全可以预测杂化耦合能带的传输特性。

3. 负等效参数的产生机理

　　为了揭示负等效参数的产生机理,我们研究了等效参数具有准静态值、正值、负值时对应的位移场,等效参数的三种取值在图 2-24 中用字母标记。求解 ΓX 方向上等效质量密度时,在原胞的外边界施加水平正方向的简谐位移。三种等效质量密度在图 2-24(a) 中分别用 $a_1 \sim a_3$ 标记,对应的位移场见图 2-26(彩图见书后插页),图中黑色的原胞轮廓线代表未变形的原胞,位移场的颜色表示位移幅值,红色的圆锥表示位移方向。在 a_1 点(5 Hz),等效质量密度是准静态值,其位移场见图 2-26(a),图中原胞整体在激励作用下沿水平正方向移动,内部振子保持在原胞中的相对位置,所以原胞的等效质量密度等于静态下的平均质量密度。在 a_2 点（280 Hz），等效质量密度是较大正值，其位移场见图 2-26(b)，图中基体的位移场是沿水平正方向，随着频率接近偶极共振频率，内部振子偏离其在原胞中位置并沿激励的方向移动，导致基体的位移逐渐小于准静态下的位移，所以原胞具有较大正值的等效质量密度。在 a_3 点（510 Hz），等效质量密度是负值，其位移场见图 2-26(c)，图中基体的位移场方向为水平正方向，内部振子沿着与激励相反的方向移动并使得原胞的总位移场方向为水平负方向，所以原胞具有负值等效质量密度。

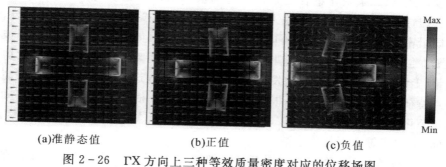

(a)准静态值　　　　　　(b)正值　　　　　　(c)负值

图 2-26　ΓX 方向上三种等效质量密度对应的位移场图

　　求解等效体积模量时，在原胞的外边界施加能产生静水压力变形的简谐位移。三种等效体积模量在图 2-24(b) 中分别用 $b_1 \sim b_3$ 标记。在 b_1 点（5 Hz），等效体积模量是准静态值，其位移场见图 2-27(彩图 2-27 见书后插页)(a)，图中原胞在施加的膨胀力作用下整体处于膨胀状态，原胞的变形方向和激励的方向完全相同。在 b_2 点（710 Hz），等效体积模量是负值，其位移场见图 2-27(b)，图中原胞的动能主要集中在振子中，四个振子都往远离原胞中心方向移动并形成一个单极共振模态，形成的单极共振使得原胞处于受压缩的状态，导致原胞的

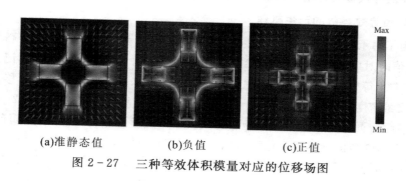

(a)准静态值　　　　　　(b)负值　　　　　　(c)正值

图 2-27　三种等效体积模量对应的位移场图

体积小于准静态下的体积,所以产生负值等效体积模量。在 b_3 点(850 Hz),等效体积模量是较大正值,其位移场见图 2-27(c),图中四个振子都往靠近原胞中心方向移动并形成一个单极共振模态。形成的单极共振使得原胞处在膨胀状态,导致原胞的体积大于准静态下的体积,所以产生较大正值的等效体积模量。

求解正交方向上等效剪切模量时,在原胞的外边界施加能产生正交方向纯剪切变形的简谐位移。三种正交方向等效剪切模量在图 2-24(c) 中分别用 $c_1 \sim c_3$ 标记。在 c_1 点(5 Hz),正交方向等效剪切模量是准静态值,其位移场见图 2-28(彩图 2-28 见书后插页)(a),图中原胞在竖直方向受到压缩作用,在水平方向受到膨胀作用,原胞的变形方向和激励方向完全相同。在 c_2 点(500 Hz),正交方向等效剪切模量是负值,其位移场见图 2-28(b),图中原胞的动能主要集中在振子中,上下振子往靠近原胞中心方向移动,左右振子往远离原胞中心方向移动,四个振子的运动是一个正交方向四极共振,正交方向四极共振使得基体在竖直方向上体积增大,在水平方向上体积减小,原胞变形方向和激励方向完全相反,所以原胞中产生负值的正交方向等效剪切模量。在 c_3 点(800 Hz),正交方向等效剪切模量是较大正值,其位移场见图 2-28(c),图中上下振子往远离原胞中心方向移动,左右振子往靠近原胞中心方向移动,四个振子的运动形成一个正交方向四极共振,正交方向四极共振使得基体在竖直方向上体积减小,在水平方向上体积增大,原胞的变形方向和激励方向完全相同,所以原胞中产生较大正值的正交方向等效剪切模量。

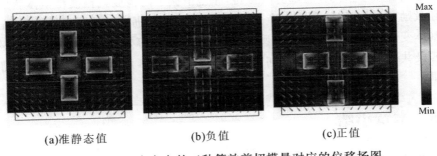

(a)准静态值　　　　　　　(b)负值　　　　　　　(c)正值

图 2-28　正交方向的三种等效剪切模量对应的位移场图

求解对角方向上等效剪切模量时,在原胞的外边界施加能产生对角方向纯剪切变形的简谐位移。三种对角方向等效剪切模量在图 2-24(d) 中分别用 $d_1 \sim d_3$ 标记。在 d_1 点(5 Hz),对角方向等效剪切模量是准静态值,其位移场见图 2-29(彩图 2-29 见书后插页)(a),图中原胞在主对角方向受到压缩作用,在副对角方向受到膨胀作用,原胞的变形方向和激励方向完全相同。在 d_2 点(840 Hz),对角方向等效剪切模量是负值,其位移场见图 2-29(b),图中原胞的动能主要集中在振子中,四个振子绕各自中心旋转,在对角方向形成四极共振,对角方向四极共振使得基体在主对角方向上体积增大,在副对角方向上体积减小,所以原胞变形方向和激励方向完全相反,因此原胞中产生负值的对角方向等效剪切模量。在 d_3 点(920 Hz),对角方向等效剪切模量是较大正值,其位移场见图 2-29(c),图中四个振子绕各自中心旋转,在对角方向形成四极共振,对角方向四极共振使得基体在主对角方向上体积减小,在副对角方向上体积增大,原胞的变形方向和激励方向完全相同,所以原胞中产生较大正值的对角方向等效剪切模量。

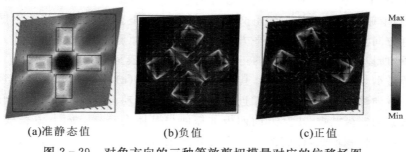

(a)准静态值　　　　　　(b)负值　　　　　　(c)正值

图 2-29　对角方向的三种等效剪切模量对应的位移场图

从负等效参数的位移场分析可得,原胞中振子的偶极共振使得基体变形方向和激励方向相反时,原胞中产生负等效质量密度;原胞中振子的单极共振使得基体变形方向和激励方向相反时,原胞中产生负等效体积模量;原胞中振子的四极共振使得基体变形方向和激励方向相反时,原胞中产生负等效剪切模量。

2.5　本章小结

本章从声学超材料的定义入手,针对薄板型元胞详述了声学超材料的介观人工单元设计及其带隙形成机理;分析了声学超材料的宏观动态等效特性,包括负等效质量特性、负等效刚度特性、双负等效特性等。接着建立了含多共振子的二维弹性超材料模型,计算了有限周期结构的透射谱并分析了杂化耦合能带的传输特性,提出了整体边界法对元胞在两个波矢方向的等效参数进行求解,并利用负等效参数揭示了杂化耦合能带的形成原因,从而清楚揭示了杂化耦合能带和负等效参数的形成机理,对设计具有多负等效参数的弹性超材料具有重要参考价值。

参考文献

[1]　PENDRY J B, HOLDEN A J, ROBBINS D J, et al. Magnetism from conductors and enhanced nonlinear phenomena[J]. Ieee Transactions on Microwave Theory and Techniques, 1999, 47(11): 2075 - 2084.

[2]　SMITH D R, PADILLA W J, VIER D C, et al. Composite medium with simultaneously negative permeability and permittivity[J]. Physical Review Letters, 2000, 84(18): 4184 - 4187.

[3]　SHELBY R A, SMITH D R, SCHULTZ S. Experimental verification of a negative index of refraction[J]. Science, 2001, 292(5514): 77 - 79.

[4]　YANG Z, MEI J, YANG M, et al. Membrane - type acoustic metamaterial with negative dynamic mass[J]. Physical Review Letters, 2008, 101(20): 204301.

[5]　梅军,杨旻,杨志宇,等. 薄膜型负质量密度声学超常介质[J]. 物理, 2010,39(4):243 -247.

[6]　LEE S H, PARK C M, SEO Y M, et al. Acoustic metamaterial with negative density[J]. Physics Letters A, 2009, 373(48): 4464 - 4469.

[7]　CHEN H J, ZHAI S L, DING C L, et al. Meta - atom cluster acoustic metamaterial with broadband negative effective mass density[J]. Journal of Applied Physics, 2014, 115(5): 054905.

[8]　CHEN H J, ZHAI S L, DING C L, et al. Acoustic metamaterial with negative mass density in water[J]. Journal of Applied Physics, 2015, 118(9): 094901.

[9]　MA F Y, WU J H, HUANG M, et al. Cochlear bionic acoustic metamaterials[J]. Applied Physics Letters, 2014, 105(21): 213702.

[10]　MA F Y, WU J H, HUANG M, et al. Cochlear outer hair cell bio - inspired metamaterial with negative effective parameters[J]. Applied Physics A, 2016, 122(5): 525.

[11]　FANG N, XI D J, XU J Y, et al. Ultrasonic metamaterials with negative modulus[J]. Nature Materials, 2006, 5(6): 452 - 6.

[12] 翟世龙. 双负声学超材料与声学超界面的特性研究[D]. 西安：西北工业大学，2016.

[13] CHENG Y, XU J Y, LIU X J. One-dimensional structured ultrasonic metamaterials with simultaneously negative dynamic density and modulus[J]. Physical Review B, 2008, 77(4)：045134.

[14] LEE S H, PARK C M, SEO Y M, et al. Acoustic metamaterial with negative modulus[J]. Journal of Physics：Condensed Matter, 2009, 21 (17)：175704.

[15] DING C L, HAO L M, ZHAO X P. Two－dimensional acoustic metamaterial with negative modulus[J]. Journal of Applied Physics, 2010, 108(7)：074911.

[16] GARCÍA－CHOCANO V M, GRACIÁ－SALGADO R, TORRENT D, et al. Quasi－two－dimensional acoustic metamaterial with negative bulk modulus[J]. Physical Review B, 2012, 85(18)：184102.

[17] SHEN C, JING Y. Side branch－based acoustic metamaterials with a broad－band negative bulk modulus[J]. Applied Physics A, 2014, 117 (4)：1885－1891.

[18] JING X D, MENG Y, SUN X F. Soft resonator of omnidirectional resonance for acoustic metamaterials with a negative bulk modulus[J]. Scientific Reports, 2015, 5：16110.

[19] 李坤. 螺旋型声学超材料的宽带特性及其应用研究[D]. 南京：南京大学，2018.

[20] LEE S H, PARK C M, SEO Y M, et al. Composite acoustic medium with simultaneously negative density and modulus[J]. Physical Review Letters, 2010, 104(5)：054301.

[21] LEE S H, PARK C M, SEO Y M, et al. Reversed Doppler effect in double negative metamaterials [J]. Physical Review B, 2010, 81 (24)：241102.

[22] LEE S H, WRIGHT O B. Origin of negative density and modulus in acoustic metamaterials[J]. Physical Review B, 2016, 93(2)：024302.

[23] GRACIÁ－SALGADO R, TORRENT D, SANCHEZ－DEHESA J. Double－negative acoustic metamaterials based on quasi－two－dimensional fluid－like shells [J]. New Journal of Physics, 2012, 14

(10)：103052.

[24] GRACIÁ – SALGADO R，GARCÍA – CHOCANO V M，TORRENT D，et al. Negative mass density andρ – near – zero quasi – two – dimensional metamaterials：Design and applications[J]. Physical Review B，2013，88(22)：224305.

[25] CHEN HJ，ZENG HC，DING CL，et al. Double – negative acoustic metamaterial based on hollow steel tube meta – atom[J]. Journal of Applied Physics，2013，113(10)：104902.

[26] CHEN H J，LI H，ZHAI S L，et al. Ultrasound acoustic metamaterials with double – negative parameters[J]. Journal of Applied Physics，2016，119(20)：204902.

[27] MAHESH N R，NAIR P. Design and analysis of an acoustic demultiplexer exploiting negative density，negative bulk modulus and extraordinary transmission of membrane – based acoustic metamaterial[J]. Applied Physics A，2014，116(3)：1495 –1500.

[28] LI J，CHAN C T. Double – negative acoustic metamaterial[J]. Physical Review E，2004，70(5 Pt 2)：055602.

[29] YANG M，MA G C，YANG Z Y，et al. Coupled membranes with doubly negative mass density and bulk modulus[J]. Physical Review Letters，2013，110(13)：134301.

[30] BRUNET T，MERLIN A，MASCARO B，et al. Soft 3D acoustic metamaterial with negative index[J]. Nature Materials，2015，14(4)：384 – 8.

[31] GUILD M D，GARCIA – CHOCANO V M，SANCHEZ – DEHESA J，et al. Aerogel as a soft acoustic metamaterial for airborne sound[J]. Physical Review Applied，2016，5(3)：034012.

[32] KAINA N，LEMOULT F，FINK M，et al. Negative refractive index and acoustic superlens from multiple scattering in single negative metamaterials[J]. Nature，2015，525(7567)：77 – 81.

[33] LIANG Z X，LI J S. Extreme acoustic metamaterial by coiling up space [J]. Physical Review Letters，2012，108(11)：114301.

[34] XIE Y，POPA B I，ZIGONEANU L，et al. Measurement of a broadband negative index with space – coiling acoustic metamaterials[J].

Physical Review Letters, 2013, 110(17): 175501.

[35] CHENG Y, ZHOU C, YUAN B G, et al. Ultra – sparse metasurface for high reflection of low – frequency sound based on artificial Mie resonances[J]. Nature Materials, 2015, 14(10): 1013 – 9.

[36] MAURYA S K, PANDEY A, SHUKLA S, et al. Double negativity in 3D space coiling metamaterials[J]. Scientific Reports, 2016, 6: 33683.

[37] MAURYA S K, PANDEY A, SHUKLA S, et al. Predicting double negativity using transmitted phase in space coiling metamaterials[J]. Royal Society Open Science, 2018, 5(5): 171042.

[38] FU X F, LI G Y, LU M H, et al. A 3D space coiling metamaterial with isotropic negative acoustic properties[J]. Applied Physics Letters, 2017, 111(25): 251904.

[39] LAI Y, WU Y, SHENG P, et al. Hybrid elastic solids[J]. Nature Materials, 2011, 10(8): 620 – 4.

第3章 膜类声学超材料的
低频宽带吸声机理

传统吸声结构或材料很难有效地吸收低频噪声,这是因为,当低频声波入射到传统吸声结构或吸声材料时,声波波动较为缓慢,使得黏性空气很难与吸声材料发生相互作用,能量耗散效率很低,因此吸声效果较差。此时,为了提高吸声系数,只能将声波传播路径延长,甚至到四分之一波长,导致结构较为庞大,难以进行工程应用。近年来新兴发展的声学超材料极大地拓宽了传统声学材料的概念,是一种宏观均质化波动材料,通过在介观层面设计尺寸远小于入射波长的人工微结构周期单元,从而实现对声波及弹性波的任意控制,达到小尺寸控制低频大波长的目的。声学超材料研究为解决低频宽带吸声难题提供了全新的思路,是目前噪声领域关注的热点研究内容。

3.1 传统吸声材料

吸声材料指的是具有一定吸声能力的材料或结构。如图3-1所示,当能量为 E_i 的声波以一定角度 θ_i 入射到材料表面时,一部分能量 E_a 被吸收,一部分能量 E_r 被反射,还有部分能量 E_t 会穿过材料透射至后方。材料的吸声系数定义为: $\alpha = E_a / E_i$,当声波全部被吸收时,吸声系数为 $\alpha = 100\%$,又称为完美吸声。

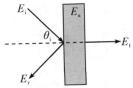

图3-1 吸声材料的声波吸收过程

声波的吸收是通过能量转换实现的,其物理机理主要分为两类:黏性损耗吸声和热传导损耗吸声。黏性损耗吸声指的是,声波入射到材料表面时会引起空气质点的振动,由于黏性边界层的存在,材料表面产生黏滞作用,声能在黏滞阻尼的作用下进行耗散；热传导损耗吸声指的是，材料内部空气质点在声波作用下引起压缩和伸张形变，使其介质温度发生变化，从而会在声波与材料表面产生热传导作用，入射能量转变为热能而损耗。由于声波都是小振幅声波，变量都是一级微量，因此，声压和声速的变化都与频率成线性关系，满足线性化方程，而作为二者乘积的耗散功率则与频率为二次方关系。因此，从本质上来说，低频声波比高频声波更难吸收。

　　传统的吸声材料根据吸声机理的不同可分为两类：共振吸声材料和多孔吸声材料。共振吸声材料主要基于黏性损耗机理，在声波的激励下结构进行共振，此时壁面黏性阻尼作用最为明显，吸声效果最好；但是由于共振特性，其带宽较窄，只能在共振频率附近具有较好的吸声表现。多孔吸声材料中同时存在黏性损耗机理和热传导损耗机理，材料没有明显的共振特性，但吸声频带较宽，可覆盖整个高频范围。

3.1.1　共振吸声材料

　　共振吸声材料根据结构形式的不同，可分为三类：亥姆霍兹共振器、微穿孔板和扩散吸声体结构。

1. 亥姆霍兹共振器

　　亥姆霍兹共振器是最典型的共振吸声结构，如图 3-2 所示，其由脖子和空腔组成，脖子内的空气柱可视为活动质量，空腔等效为弹簧，脖子的壁面产生黏滞阻尼作用，因此共振器可以等效为一个经典的质量弹簧系统[1]。系统达到共振频率时，空气柱运动最为激烈，能量耗散最大，因此吸声系数最高。空腔的体积越大，结构的吸声频率越低，这也是实现低频吸声的重要途径；但是，吸声频率越低，结构的吸声带宽越窄，不利于工程应用。

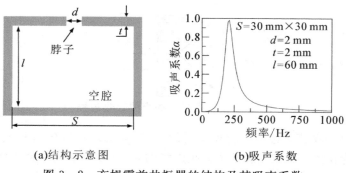

(a)结构示意图　　　　　　　　(b)吸声系数

图 3-2　亥姆霍兹共振器的结构及其吸声系数

亥姆霍兹共振器的优异吸声特性引起了众多专家学者的研究。在 1953 年,Ingard 对脖子的末端修正进行了优化,提出更精确的计算模型,并细致地分析了脖子形状、位置、大小和腔体形状等参数对吸声系数的具体影响[2]。Chanaud 使用 Ingard 提出的末端修正公式进一步验证了脖子和空腔形状对共振频率的影响,并提出了该公式的应用限制范围和条件[3]。文献[2]和[3]只是针对脖子长度较小的情况,Tang 和 Sirigano 继续研究了脖子长度与波长相当的情况,并给出了通用的公式[4]。Selamet 等研究了将脖子伸进腔体内部的情况[5];另外,还分析了腔内铺设吸声材料后吸声性能的变化[6]。Yang 等研究了在脖子开口处铺设穿孔材料时对吸声特性的影响,发现穿孔材料可以在提高吸声系数的同时增加吸声带宽[7]。Mak 等利用亥姆霍兹共振器实现了管道吸声,降低了管道出口的噪声,为了在空间限制的情况下进一步实现低频吸声,还将脖子设计为螺旋结构以增加声质量,如图 3-3(a)所示,最终实现了 50 Hz 左右的低频吸声,管路的传声损失高达 35 dB 以上[8]。Langfeldt 等研究了亥姆霍兹共振器具有多个脖子的案例,如图 3-3(b)所示,并提出一种新的方法预测其共振频率和结构阻抗[9]。Wu 等研究了管道内切向流速为高马赫数时亥姆霍兹共振器的具体吸声特性,建立的理论模型与有限元仿真模型的结果具有较高的吻合度[10]。在此基础上,Mak 和 Selamet 等将两个共振器进行串联分析了其吸声特性,结构如图 3-3(c)所示,发现管路传声损失出现了两个峰值,且由于总体积的变化,第一个峰值向低频移动[11,12]。Tang 等通过理论和实验的方法研究

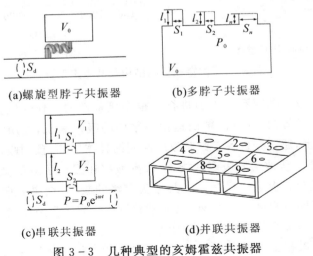

(a)螺旋型脖子共振器　　　　　(b)多脖子共振器

(c)串联共振器　　　　　　(d)并联共振器

图 3-3　几种典型的亥姆霍兹共振器

了串联结构的吸声特性,发现一定条件下该结构可以获得两个高吸声峰值,且在保持峰值不变的情况下,峰值频率可以由结构参数进行调整[13]。Kim 等研究了多共振器并联的情况,如图 3-3(d)所示,通过考虑由辐射阻抗引起的共振器之间的相互影响,提出了相关的吸声系数计算方法并通过实验进行验证;同时实现了 250~630 Hz 低频范围内的高效吸声[14]。

2. 微穿孔板

微穿孔板结构是由亥姆霍兹共振器发展而来,最早由我国著名声学科学家马大猷教授在 1975 年提出[15],其结构由一层微穿孔板和背后空腔组成,如图 3-4所示。马大猷教授通过将孔径尺寸减小至毫米级以下,使得小孔的黏滞作用增加,获得更大的声阻与空气特性阻抗进行匹配,同时其吸声频带也进一步加宽,显示出了优异的吸声效果。微穿孔板结构简单,且对材料要求不高,可以选取耐腐蚀、耐高温等材料用于严苛的工况,因此可以广泛应用于各种噪声控制场合。

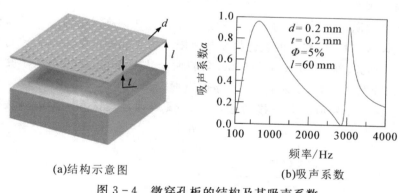

(a)结构示意图　　　　　　　　(b)吸声系数

图 3-4　微穿孔板的结构及其吸声系数

马大猷教授在微穿孔板方面进行了很多奠基性的工作。他首先提出了微穿孔板的理论计算模型,可以精确地预测结构的吸声表现,并用实验进行了验证;在此基础上,通过分析各参数对吸声性能的具体影响,预测吸声的实际带宽极限[16]。为进一步改善其吸声性能,马大猷教授还提出了双层微穿孔板结构,以克服单层微穿孔板结构只有一个共振吸声峰的缺陷,结果表明,双层结构的吸声性能有了明显提高[17]。此外,马大猷教授还研究了高声压级条件下及随机入射条件下的微穿孔板的吸声性能[18,19]。

在马大猷教授工作的基础上,还有很多学者进行了拓展工作。Randeberg 等在微穿孔板结构本身方面,通过理论公式和实验测试的方法研究了孔径形状对于微穿孔板结构吸声性能的影响[20~22]，小孔形状分别为矩形、锥形、三角形、台阶形和微缝等，并给出了相关结论。例如当小孔为三角形时，发现结构可以获得更大的声阻，不仅可以提升结构的吸声系数，还可以增加其吸声带宽。徐颖等在微穿孔板穿入铜纤维进行吸声特性研究，结果表明随着插入铜纤维根数的增加，其共振频率向低频移动[23]。Qian 等提出一种带有超微细孔的微穿孔板结构，即孔径范围在 50 μm 左右、板厚为 200 μm，空腔厚度为 20 mm 的情况下，可以实现 1500~6500 Hz 范围内的优异吸声，但这种超微细孔加工难度和成本较高，难以进行大范围的工程应用[24]。Miasa 设计了多孔径微穿孔板，该结构在拓宽吸声性能方面有巨大潜力，但是很难按需设计[25]。Lee 等研究在柔性板上加工微穿孔，通过柔性板的振动拓宽微穿孔板的吸声频域，研究表明由柔性板引起的振动频率高于微穿孔板效应引起的共振吸收峰频率时，振动效应才可以拓宽吸声带宽[26]。Wang 等通过改变背腔的形状发现可以引入更多的吸收峰，可显著地改变微穿孔板结构的吸声机理和吸声表现，相应的结论也得到了理论分析和实验测试的验证；但是不规则的背腔会增大安装和工程应用的难度[27]。Liu 等将后腔用蜂窝板隔开成多个独立的空间，可以改善随机入射时的吸声性能[28]。

为了获得更宽的吸声频带，学者们还对串联和并联微穿孔板结构进行了研究。串联微穿孔板方面，Sakagami 等针对双层微穿孔板提出一种阻抗修正理论，通过采用 Helmholtz 积分公式获得阻抗的严格解，从而更精确地预测吸声系数，作者还将修正后的理论结果与等效电路模型的结果进行了比较，并讨论了两者的区别[29]。Chang 等研究了在流道中切向流作用下双层穿孔板的吸声特性，此结构如图 3-5(a)所示，他们通过理论经验模型得到声阻抗率和吸声系数，并与实验结果进行对比验证。研究发现，流速、穿孔率和空腔深度是决定掠流下穿孔板吸声性能的关键参数[30]。Cobo 等研究了三层微穿孔板吸声结构，为了尽可能地增加带宽，他们将小孔直径减小至 100 μm 左右，同时他们还利用模拟退火算法进行优化，在 1000~6000 Hz 范围内获得了 90% 以上的平均吸声系数[31]。Bucciarelli 等将微穿孔板拓展至 5 层，厚度为 110 mm 时实现了中低频范围 400~2000 Hz 内优异吸声，但是此结构较复杂且厚度较大，在一定程度上限制了工程应用[32]。

微穿孔板串联会增加结构的厚度，不利于在安装空间受到严格限制的场合应用，因此学者们对并联微穿孔板进行了探索。Wang 等通过将具有不等背腔深度的微穿孔板单元进行并联，如图 3-5(b)所示，在保持总体厚度不变的情况下，一定程度上拓宽了结构的吸声频带，同时他们给出了并联结构吸声系数的理论计算公式[33]。Kim 等研究了并联柔性微穿孔板的低频吸声性能，将不同空腔深度的弹性微穿孔板以棋盘格图案平行排列，在平面波条件下，通过对两种不同弹性板的声学分析，获得吸声系数的低频公式[34]。Mosa 等设计了具有不同穿孔参数和相同背腔的并联微穿孔板结构，如图 3-5(c) 所示，他们通过两个峰值的耦合，在 1000~2500 Hz 范围内获得了 90% 以上的平均吸声系数[35]。

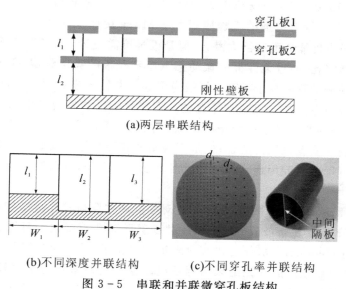

(a)两层串联结构

(b)不同深度并联结构　　　(c)不同穿孔率并联结构

图 3-5　串联和并联微穿孔板结构

　　另一方面，部分研究人员还将微穿孔板结构与其他结构进行结合，从而构成一种复合结构来提升微穿孔板的低频吸声性能。Park 等在微穿孔板上附加不同类型的亥姆霍兹共振器，并分析不同脖子形状(由参数 m 反映)对吸声性能的影响，最终通过参数优化在低频 100 Hz 获得一个近乎 100% 的吸声峰值，如图 3-6 所示，并将该结构成功应用于高声压的火箭整流罩内进行吸声性能试验[36]。Zhao 等将机械阻抗板加入微穿孔板背腔，用以解决微穿孔板在低频段吸声效果不佳的问题，他们建立了理论模型并进行实验研究，实验结果表明该结构在低频处出现吸声峰值，在一定程度上改善了微穿孔板的低频吸声效果，其机理是腔共振和机械共振复合的吸声机制[37]。Zhu 等人将具有低频峰值的薄膜共振结构置于背腔后方，发现薄膜结构本身的吸声峰值几乎不变，在高频处获得了微穿孔板的吸声峰值，通过调整优化之后，可以获得连续的吸声频带[38]。

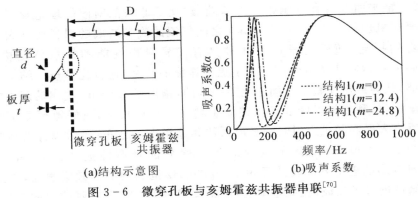

(a)结构示意图　　　　　　　(b)吸声系数

图3-6　微穿孔板与亥姆霍兹共振器串联[70]

3. 扩散吸声体

　　扩散吸声体结构是由具有不等深度的空腔组成,如图3-7所示,最初主要研究其扩散性能,应用于室内外的声品质改善,如厅堂、会议室、录音室及影院。1975年,德国Schroeder教授运用数论原理设计了最大长度序列(MLS)和二次余数序列(QRD)的扩散体结构,该结构由一维的槽或者二维的腔组成,孔腔的深度根据二次余数序列的不同而不同,当声波进入其中时由刚性腔底反射回开口处,当反射声波与刚进入腔的声波相位差足够大时,这种结构就会使反射声波产生显著的散射,从而扩散到不同方向[39,40]。

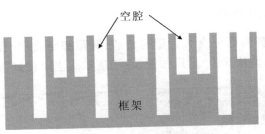

图3-7　一维扩散吸声体结构

　　随后研究发现,QRD扩散体结构除了具有优异的扩散效果之外,在低频范围内还具有一定的吸声性能。1992年,Fujiwara等制作了两种尺寸的QRD结构并进行了实验测试,发现内部没有吸声材料的情况下,在低于设计频率下限的频率范围内,其具有很强的吸声性能[41]。随后针对吸声性能,他们进行了一系列的对比研究工作,发现结构参数或者材料的变化只会在一定程度上影响吸声系数,吸声效果始终存在[42]。Kuttruff等对扩散体结构的吸声特性进行了研究,以扩散平面上所有声压相等为基础,建立了低频范围内的理论模型。通过对吸声机理的分析,他们认为单元之间气流的流动造成的损耗要远大于空腔内部的损耗,随后还设计了几种具有优异吸声性能的扩散体结构[43]。Mechel 对扩散吸声体的性能进行了更为详细的研究,他首先分析了结构的扩散性能,认为声压在整个平面上是不一致的,指出了 Kuttruff 提出的理论方法的缺陷;然后利用傅里叶展开法建立了精确的理论模型,更好地预测了吸声体在垂直入射和随机入射时的吸声系数和远场声场分布;最后设计的声吸收器在 200~1200 Hz 低频范围内取得了优异的吸声性能[44]。Wu 等使用 Mechel 提出的理论方法设计了 500~3000 Hz 范围内的高效吸声器,并通过实验测试进行了验证,在此基础上,还将丝网声阻层铺设在吸收器的开口处,通过优化声阻层的具体参数,使得吸声系数接近 100%,而且整个曲线变得更加平缓[45];他们还将微穿孔板放置在空腔的内部,以提高其低频吸收性能,并取得了非常好的效果[46]。

此外,同济大学的古林强、赵松龄和盛胜我等人也对扩散体吸声结构进行了大量研究。盛胜我设计了一种改进型的扩散体吸声器,充分利用内部有限空间以降低结构厚度,在低频范围内试验具优异的吸声效果,并且在混响室中进行了测试验证。这种结构安装在厅堂内部后,利用扩散和吸声两重特性,可以出色地调节和控制室内声场[47~49]。古林强等在扩散吸声体的空腔内部还填充了多孔纤维材料,一定程度上拓宽了吸声频带,并改善了扩散性能[50]。

3.1.2　多孔吸声材料

多孔吸声材料内部包含有大量的通道、缝隙和空腔,并且这些孔隙都是贯通的,可以允许声波从其中穿过,如图 3-8 所示。当声波进入到细小的孔隙中

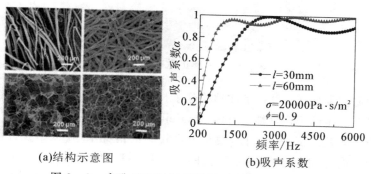

(a)结构示意图　　　　　　　(b)吸声系数

图 3-8　多孔吸声材料的结构及其吸声系数[51]

时,壁面对声波具有黏滞作用,通过黏滞损失产生声能量损耗;另一方面,由于声波路径较长,空气质点会与材料进行充分的热交换,进而实现声能量的吸收[51]。多孔吸声材料可以看成是一种均质材料,厚度越厚,吸声效果越好,当厚度达到相应声波波长的四分之一时,才具有完全吸声的效果。因此,为了节省和压缩空间,多孔吸声材料主要用于中高频段吸声。

为了研究多孔吸声材料的吸声性能,学者们首先对多孔吸声材料的理论模型进行了大量的研究。Delany 和 Bazley 研究了纤维性多孔吸声材料的声学特性,他们通过测量材料特性阻抗和传播常数获得大量实验数据,然后以频率与流阻率的比值为横坐标对数据点进行曲线拟合,最终得到了阻抗与频率对流阻率比值的幂函数关系式,利用建立的经验公式计算了不同材料的吸声系数[52]。在该模型中,只有流阻率 σ 一个参数,其形式简单,可以准确反映流阻率对材料吸声性能的影响。尽管该模型整体与实验结果具有较好的匹配度,但是其在频率与流阻率比值的较小或较大处存在一定的偏差,因此该公式被限制在 $0.01 <$ $\rho_0 f / \sigma < 1$ 的范围内。随后,Miki 和 Komatsu 等通过引入更多参数对 Delany - Bazley 模型进行了校正,获得了更精确的结果[53~55]。但是,热交换效应在这些模型中始终没有被考虑,也在一定程度上限制了其应用。随后,Johnson、Champoux 和 Allard 等提出了经典的半经验模型:Johnson - Champoux - Allard (JCA)模型[56~58],该模型具有 5 个基本的物理参数:流阻率、孔隙率、曲折因子、黏性特征长度和热特征长度,在此基础上便可以得到材料的等效密度和等效传播常数。在此基础上,Lafarge 等针对不同的应用场合对该模型进行了校正[59]。

按照物理特性,多孔吸声材料大致可分为三类:纤维多孔材料、泡沫多孔材料和金属多孔材料。

1. 纤维多孔材料

纤维多孔材料是研究最早、应用最为广泛的一种多孔吸声材料,主要包括有机纤维材料和无机纤维材料。有机材料主要有植物纤维、地毯及聚酯纤维等,这类材料在中高频段具有较好的吸声性能,但是防火、防潮等性能差,易受到应用环境的限制。随后,学者们将主要研究精力转移到无机纤维材料,如玻璃棉和岩棉等,除了良好的吸声性能以外,它们还具有质量轻、不易老化、不易燃及耐腐蚀等特点。Wang 等通过实验测试的方法研究了几种典型玻璃棉的吸声特性,测试了相应的流阻率等参数,根据 JCA 模型计算结构的有效密度和压缩模量,进而求得等效阻抗和吸声系数,对比发现,理论结果与实验结果吻合较好[60]。Ando 等研究了潮湿环境下湿度对玻璃棉吸声性能的影响,发现随着湿度的增加,低频时吸声系数会增大,而高频时吸声系数减小[61]。为了尽量减小材料厚度,Zhu 等设计了一种梯度纤维材料,上表面处的纤维结构松散、孔隙较多,可以让更多的声波进入织物而不是被反射;材料背面的结构紧凑,可以起到阻隔的作用。当声波从上表面传播到后表面时,孔和通道为声波和纤维之间的黏性摩擦和振动提供了更多的机会,材料呈现出有效的吸声性能[62]。Lin 等设计了一种夹层吸声结构,从上到下由 PET 纤维材料、蜂窝网格和 PU 泡沫组成,平均吸声系数在 2000～4000 Hz 范围内为 90% 左右,在 0～4000 Hz 频率范围内为 77%[63]。Chang 等提出了一种可大规模制造三维纳米纤维材料的新技术,其所制备的三维纳米纤维材料在低频 400～1000 Hz 范围内的吸声性能优于目前的商用吸声棉,具有良好的低频降噪性能[64]。

2. 泡沫多孔材料

泡沫多孔材料具有孔隙率高、密度低、比表面积大、制造成本低等显著优点,主要包括聚氨酯、聚苯乙烯、聚氨乙烯和尿醛泡沫塑料等。泡沫多孔材料的孔结构与其吸声性能密切相关,图 3-9 显示出了泡沫多孔材料的典型形态,其内部包含空腔和各种结构的孔(封闭、部分开放和开放的孔)[65],其中开孔泡沫材料具有宽频吸声性能,在建筑、交通等领域广泛应用于噪声控制。以聚氨酯(PU)泡沫为例,其在聚合过程中形成空腔和孔结构,通过凝胶和吹气反应确定孔尺寸。当空腔压力远大于壁面强度时,可以得到具有开孔结构的泡沫材料。空腔壁在较低的排水流量下趋于凝固,如果凝固过程早于完全张开的孔洞的形成,则会形成部分张开的孔洞;如果空腔壁在壁破裂前完全凝固,则会留下封闭的孔隙。研究证明,通过改变化学成分或优化配方,可以调节泡沫材料的微观结构和吸声性能。

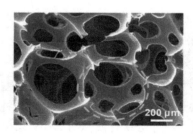 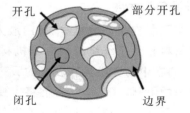

(a)微观结构　　　　　　(b)结构示意图

图 3-9　典型泡沫多孔材料的形态及其孔结构

学者们还对泡沫多孔材料的结构形式进行了研究。近年来,Mosanenzadeh 等制备了梯度结构的聚乳酸泡沫材料,即三个厚度相同但颗粒大小不同的单元按顺序排列,发现梯度聚乳酸泡沫比均匀泡沫具有更好的吸声性能[66]。Huang 等证明泡沫材料的吸声性能还可以通过调节泡沫中的通道结构而改进。这个泡沫中的通道理论上可以分为与声波方向垂直、平行或倾斜的通道,当声波传播方向垂直于通道,部分入射声波被反射,没有有效地消耗声能;当声波的方向与通道平行时,其很容易通过多孔材料进行声能消耗;而斜通道会延伸声波的传播路径,引起多次反射和摩擦空气流动,导致更多的能源消耗[67]。类似地,还可将纤维材料或颗粒掺杂进泡沫材料中,以改变其通道结构,例如天然茶叶纤维结构、竹叶结构、稻壳结构、碱处理木纤维结构和无机填料结构等。

3. 金属多孔材料

金属多孔材料具有吸声频带宽、质量轻、刚度大、硬度高、耐热性强和可承载等优点,可用于极端高温和高压工况条件下。金属多孔材料主要包括金属纤维材料和金属泡沫材料,是目前极具应用前景的吸声材料。

金属纤维材料是用金属纤维通过压制、烧结、切削加工等工艺而成型的,常用材质为不锈钢丝、铜丝和铝丝等,如图 3 - 10 所示。Kirby 等提出了一种半经验预测方法,该方法不仅对任意低频率下的声学参数和特性进行了合理的预测,而且预测结果与高频下的测量数据吻合良好[68]。姜洪源等通过理论及实验方法研究了金属橡胶材料的吸声性能,并由金属橡胶材料声学特性参数推导出了金属橡胶材料吸声性能的理论计算公式,实验表明,理论结果与实验结果吻合良好,验证了理论研究方法的正确性[69]。Wu 等使用 Kolmogorov 湍流理论建立了一个定量的理论模型,可以用来预测高温高压下金属纤维材料的吸声性能[70]。Wang 等通过实验的方法研究了 150 dB 高声压级下金属纤维材料的吸声性能,研究发现,材料的吸声性能随着声压幅值增加而增加,与理论研究得出的结论一致;当声压增加时,流速增加,金属多孔材料的非线性效应增强,此时

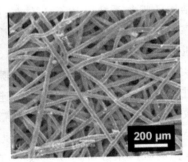

200 μm

(a)宏观结构　　　　　　　　　　(b)微观结构

图 3 - 10　金属纤维材料

静态流阻率不是恒定值。他们还分析了不同声学参数对金属多孔材料吸声系数的影响[71]。Meng 等研究发现，纤维平面平行于声波的样品比纤维垂直于声波排列的样品具有更好的吸声性能[72]。张波等研究了高温条件下烧结金属纤维材料的吸声性能和理论模型，在 Biot-Allard 多孔材料吸声模型的基础上，引入热传导因素，推导出有效体积模量表达式，从而得到一种扩展的吸声模型，并对材料在不同温度作用下的吸声性能进行了理论计算和分析[73]。

金属泡沫材料是由金属骨架和孔隙组成，如图 3-11 所示，其中孔隙所占体积一般在 $75\%\sim95\%$ 范围内。泡沫铝已成为最常用的泡沫材料，其他的新型材料，如镍、钢、钛和铜也逐渐被采用。金属泡沫材料除了具有吸声功能外，还具有减振、阻尼、隔音、隔热、散热、电磁屏蔽等物理性能，是一种多功能兼用的功能材料。考虑到微观结构对吸声性能的影响，目前的研究多数集中在开孔型或半开孔型金属泡沫材料。Ligoda-Chmiel 等通过将新型环氧树脂对氧化铝材料进行渗透，制备出了新型的氧化铝泡沫材料，其不仅表现出良好的吸声性能，而且抗压强度和可燃性均高于单一组分[74]。Ke 等通过调整预成型颗粒的尺寸和堆积路径，采用熔融浸渗法制备了梯度孔径的开孔铝合金泡沫材料，并分析了孔隙结构和气隙对开孔泡沫铝合金吸声性能的影响，结果表明，无论是否存在气隙，孔径梯度的开孔泡沫铝合金都具有较好的吸声性能和吸声带宽[75]。Zhai 等制备了一种孔隙率（$92\%\sim98\%$）和孔径（$300\sim900~\mu m$）可控的镍基高温合金开孔泡沫材料，并对其吸声性能进行测试，结果表明，泡沫材料中孔径最小的泡沫材料具有最佳的吸声性能，50 mm 厚的泡沫材料在 1500 Hz 频率下吸声系数为 0.9[76]。Cheng 等研究了普通三维网状泡沫镍及其复合材料在 $200\sim2000$ Hz 下的吸声性能，发现单纯 5 层泡沫板吸收性能较差，可通过添加背腔或多孔薄板来改善。在 $1000\sim1600$ Hz 范围内，5 层泡沫加 5 mm 厚背衬的复合结构的吸收系数可达 0.4 左右；而在 1000 Hz 以内，相同背衬的 2 层泡沫加紧靠泡沫前面的多孔板的复合结构的吸收系数可达 0.68 左右[77]。Wang 等采用机械发泡法制备了多孔氮化硅（Si_3N_4）泡沫材料，随着孔隙率从 70% 增加到 90%，孔隙数量明显增加，且在孔隙中存在大量的微米级的不规则微孔，这些微孔进一步改善了宏观孔隙之间的连通性，从而提高了声能的消耗[78]。Liu 等采用改进的熔融泡沫法制备了一种新型泡沫钛，孔隙率高达 $86\%\sim90\%$，主要气孔呈毫米级球形。该泡沫钛具有良好的吸声性能，$3150\sim6300$ Hz 的声波频率范围内的吸声系数可达 0.6 以上，在共振频率下甚至超过 0.9。该泡沫吸声的主要机理是在低频段由表面反射而产生的干扰消声，以及在高频段由黏性耗散消声[79]。

 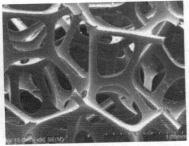

(a)宏观结构　　　　　　　　(b)微观结构

图 3-11　金属泡沫材料

3.2　吸声超材料回顾

3.2.1　薄膜型吸声超材料

薄膜型超材料最早以优异的隔声能力引起了众多学者的关注。2008 年,香港科技大学杨志宇教授和沈平教授团队首先提出了一种微米级的薄膜超材料,其在低频范围 100～1000 Hz 内具有优异的隔声性能,大幅度地打破了低频范围内声衰减的质量密度定律,研究发现该结构在全反射频率附近具有明确的负质量特性[80]。但是,其隔声频带较窄,很多学者便将研究重心集中在拓宽频带方面,并取得了不错的成果。

随着对薄膜结构研究的深入,该团队在 2012 年提出了吸声型的薄膜超材料,该结构由一个施加了预应力的薄膜和两个半圆铁片组成,相对于其结构尺寸而言,具有惊人的吸声效果,如图 3-12 所示。特别地,在共振吸收的频率处,空气声波波长比薄膜厚度大 3 个数量级以上[81]。

 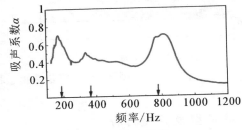

(a)薄膜结构　　　　　　　　(b)吸声系数

图 3-12　薄膜型吸声超材料[81]

　　2014 年,沈平教授团队在 *Nature* 上发表了基于薄膜结构的声学超表面研究[82],如图 3-13(a)所示。该研究对薄膜结构施加背腔,调整其声学阻抗,吸声系数几乎可以到 100%,其中吸声频率越低,背腔的厚度就越大;然后通过采用不同参数的单元并行布置,可增加吸声峰值数量,为吸声带宽的拓宽提供了思路。同年,北京理工大学胡更开教授团队建立了薄膜结构的热黏性理论模型[83,84],进一步研究了薄膜结构的吸声机理,分析了各参数对吸声系数的影响,并在此基础上提出了新的一膜多片结构,增加了吸声峰值的数量,如图 3-13(b)所示。为了克服薄膜型超材料易老化等问题,Ma 等提出了一种基于协同耦合设计思想的薄板型超材料[85],该结构由 9 个不同的单元组成,如图 3-13(c)所示,实现了 800 Hz以下平均吸声系数为 80%左右的吸声效果。Zhao 等为了减小结构背腔的厚度,设计了一种具有磁性负刚度的薄膜超材料[86],结果表明,具有负刚度的小腔体可以实现大腔体的声阻抗,吸收峰移向低频,相关结果也得到了实验验证。

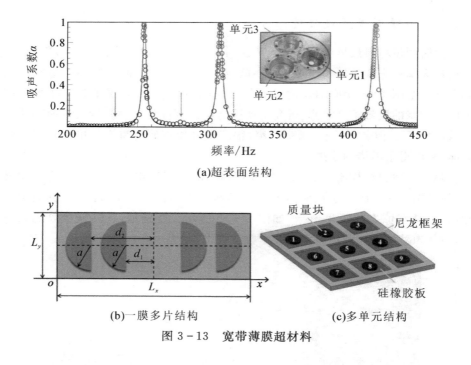

(a)超表面结构

(b)一膜多片结构　　　　(c)多单元结构

图 3-13　宽带薄膜超材料

3.2.2　共振型吸声超材料

　　共振型吸声超材料是在传统的亥姆霍兹共振器、微穿孔板和空腔结构等的基础上,进行一些特殊设计,并不改变原有结构基本的吸声机理,最终实现超常的吸声性能。这里不再以结构形式为对象进行分析,而是从具体的吸声特性出发,将共振型吸声超材料分为低频吸声材料和宽带吸声材料两部分进行介绍。

1. 低频吸声材料

从目前研究来看,空间折叠结构是实现吸声频率向低频移动最有效的手段,具体指的是,通过在一个空腔内添加一些隔板,将声波的传输路径延长,相当于增加了结构的等效长度和等效声容,使吸声峰值向低频移动。2014 年,Cai 等根据此原理将 1/4 波长的声阻尼管弯曲盘绕,形成一个厚度仅为波长 1/50 的吸声面板,如图 3 - 14(a)所示,声波被强制经过 1/4 波长长度的回旋结构,从而减少反射,最终在 400 Hz 处具有 90% 以上的吸声系数,这对于低频吸声设计具有很大的启发作用[87]。2016 年,Li 等提出一种具有深度亚波长尺寸的吸声超表面结构[88],在结构厚度为 12 mm 的情况下实现了 125 Hz 处的完美吸声,此厚度仅为波长的 1/223,如图 3 - 14(b)所示,该研究通过理论分析详细揭示了空间折叠对于吸声频率的影响。这里需要我们注意的是,在实现低频吸声的

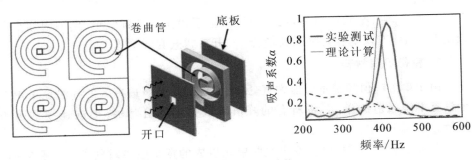

(a)空腔结构及其吸声系数

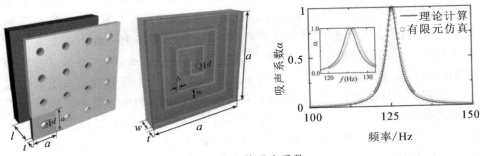

(b)穿孔板结构及其吸声系数

图 3 - 14　典型空间折叠型结构

同时，吸声带宽也会随之变窄。Wang 等通过理论分析、有限元仿真和实验测试的方法设计了一种折叠式亥姆霍兹共振器结构[89]，在厚度为 26 mm 的情况下实现了 292 Hz 处的完美吸声，此厚度为波长的 1/45；同时发现，通过调整空腔中隔板的位置，可以很容易地调整结构的峰值频率且峰值始终保持完美吸声。Wu 等设计了一种微穿孔板型吸声结构[90]，通过理论分析、有限元仿真和实验证明，其在 350 Hz 处可以实现完美吸声，厚度仅为相应波长的 1/30；峰值频率可以通过改变微穿孔板参数进行大范围地轻松调节，而且峰值带宽较宽，保留了微穿孔板宽带吸声的特性。Shen 等设计了一种具有横截面梯度变化的折叠式空腔结构[91]，这种设计可以在一定程度上弱化总等效长度对峰值的影响，获得比统一横截面的空腔结构更低的吸声频率，而且吸声频率还具有较强的可调节特性，体现了频率按需设计的可能性。Donda 等设计了一种超薄的折叠式吸声超表面[92]，可以在 50 Hz 的极低频率下实现完美吸声，厚度仅为13 mm，是相应波长的 1/527。该结构主要是通过在空腔内部添加很多个隔板，尽可能增长声波路径实现的，但是其频带极窄，只在 50 Hz 一点处具有吸声能力，很难进行工程应用。

除了空间折叠结构以外，还可通过其他手段实现低频吸声，例如增加小孔长度[93]、微缝与亥姆霍兹共振器耦合[94]、开口式嵌套方管等[95]。

2. 宽带吸声材料

由于单个峰值频带不可能太宽，因此实现宽带吸声最有效的办法是采用多个具有不同峰值的单元，将所有的峰值依次排列耦合，最终形成连续的吸声频带。

Zhang 等设计了一种由 6 个空腔单元组成的宽带吸声材料[96]，如图 3 - 15(a)所示，所有的单元进行空间折叠式设计，其在 100～180 Hz 内获得 6 个连续排列接近完美的吸声峰值，实现了该频段内的连续宽带吸声，材料厚度为 18 cm，是频带下限频率对应波长的 1/18。研究还表明，当入射声波为随机入射时，其依然可以具有十分优异的吸声性能。Jiménez 等提出一种由 9 个亥姆霍兹共振器单元组成的宽带吸声材料[97]，如图 3 - 15(b)所示，其在 300～1000 Hz 范围内实现完美宽带吸声，厚度为 11 cm，是 300 Hz 波长的 1/10。由于该结构没有采用空间折叠设计，厚度/波长相对较大。Peng 等利用蜂窝夹芯板设计了并联式吸声材料[98]，如图 3 - 15(c)所示，其厚度为 3 cm 时可实现 600～1000 Hz 范围内的连续宽带吸声，平均吸声系数在 90％以上，同时该材料具有十分优异的机械性能。另外，为了尽可能提升结构的吸声性能，学者们还将两种结构进行了复合。Huang 等提出一种微穿孔板与亥姆霍兹共振器耦合的材料[99]，如图 3-15(d)所示，研究发现通过在欠阻尼共振器入射面的上方添加一层微穿孔板，在将吸声系数大幅提高的同时还可以形成连续的吸声宽带，最终结构厚度为 39 mm 时，其在 800～3300 Hz 范围内实现连续优异吸声，平均吸声系数在 90%以上。类似地，Long 等将海绵铺设在空腔结构的表面[100]，实现了230～320 Hz 范围内的连续完美吸声，而且当声波入射角度倾斜至 60°时，吸声性能几乎保持不变。

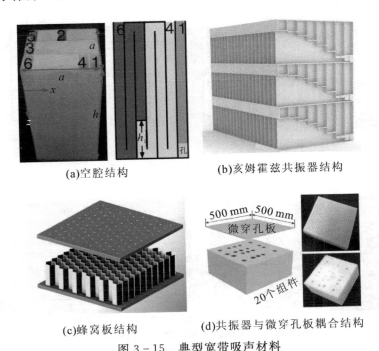

(a)空腔结构　　　　　　　　　　(b)亥姆霍兹共振器结构

(c)蜂窝板结构　　　　(d)共振器与微穿孔板耦合结构

图 3-15　典型宽带吸声材料

在以上的研究中，每个单元都只有一个吸声峰值，相应地频带也被限制在一定范围之内，由此可知，如果在单元中引入多个高阶峰值，吸声频带可以进一步拓宽。基于此，空腔结构凭借优异的高阶吸声特性，引起了研究人员的关注。Jiang 等设计了一种锯齿型的空腔结构的超宽带吸声材料[101]，如图 3-16(a)所示，其由多个长度不一的空腔结构组成，依次排列成锯齿的形状。理论分析和实验测试验证，通过将不同峰值连续排列，该材料可以在 1000～10000 Hz 范围内实现超宽带优异连续吸声。Yang 等设计了一种折叠式宽带完美吸声材料[102]，如图 3-16(b)所示，其由 16 个不同的空腔组成，厚度为 10.36 cm，可在400～3000 Hz 范围内实现连续完美吸声，整个频段由部分空腔的高阶峰值和全部空腔的一阶峰值组成。在不添加吸音棉之前,吸声系数也可以达到完美吸声,只是波动较大,最低吸声系数大概为 70%,当覆盖吸音棉之后,阻抗特性更加平缓且与空气介质更加匹配,因此吸声系数的波谷消失,呈现出连续的完美吸声特性。可以看到,目前的结构都是基于空腔结构高阶共振特性的,但是这类空腔结构达到完美吸声时需要满足 1/4 波长条件,因此很难用来进行更低频的吸声。

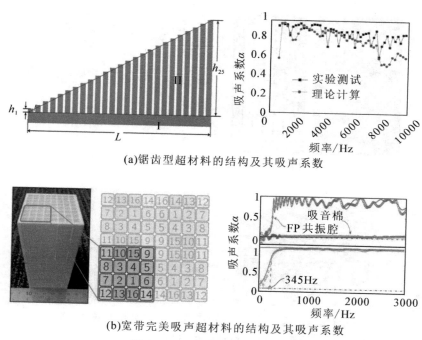

(a)锯齿型超材料的结构及其吸声系数

(b)宽带完美吸声超材料的结构及其吸声系数

图 3-16　多阶宽带吸声超材料

3.2.3　多孔型吸声超材料

多孔型吸声超材料是将多孔吸声材料与结构设计相结合,给原有多孔吸声材料赋予新的特性,以改善其吸声能力。总体来看,多孔型超材料虽然在一定程度上改善了原有多孔材料的吸声性能,但尚未改变低频吸声性能较差的本质。

Yang 等用刚性隔板将均匀多孔材料分割成周期性排列,发现其吸声性能可以得到提高,且共振模式出现的频率也向低频移动[103]。如图 3-17(a)所示,该结构厚度为 3 cm,吸声系数由原先的 80% 提升到了 100%,而且峰值频率由原先的 2500 Hz 移动至 1500 Hz 左右。在此基础上，他们继续设计了另外一种材料结构[104]，如图 3-17(b)所示，均质多孔材料的吸声性能得到了进一步的提升。

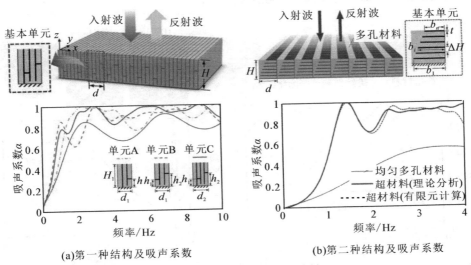

(a)第一种结构及吸声系数　　　　　　(b)第二种结构及吸声系数

图 3-17　隔板式多孔超材料

　　Lagarrigue 等将不同规格的亥姆霍兹共振器嵌入到均匀多孔材料内部[105]，如图 3-18(a)所示，通过引入新的耗散机理，从频率和吸声峰值两个方面较大幅度地提升了多孔材料的吸声性能。他们还引入遗传算法进行优化，得到了最佳结构参数和临界耦合条件。优化后的多孔结构厚度为 2 cm，在 1800~7000 Hz 范围内几乎实现连续的完美吸声。类似地，Zhu 等也将亥姆霍兹共振器嵌入到了多孔材料中[106]，如图 3-18(b)所示，结构厚度为 10 cm 时，其在低频 100 Hz 处得到了完美吸声峰值，这是亥姆霍兹共振吸声的结果，同时在较高频率处保留了均质多孔材料的吸声性能。最终，通过嵌入 4 个不同的共振器，该结构在 180~550 Hz 范围内获得连续优异的宽带吸声。

　　Zhou 等提出一种利用多孔材料制作的声学超表面，其由多个具有不同声阻率的多孔材料单元组成[107]，与均匀多孔材料相比，该结构具有更好的宽带吸声性能。在该研究中，还建立了随机入射时的声场模型，不仅可以完全预测散射声场和吸声系数，还发现该结构在入射角度倾斜 70°范围内时，其吸声系数几乎保持不变，具有全方位的完美吸声。在此基础上，Fang 等利用相位梯度调节的原理，设计了另外一种声学超表面[108]，如图 3-19 所示，其由 4 个不同的单元组成,每个单元填充有不同厚度的材料,使反射波的相位梯度呈线性。研究发现,该结构在500~3500 Hz的频率范围内具有非常优异的宽带吸声性能,与均质多孔材料相比具有明显的优势;同时,声波随机入射时,该结构也可以在很大的角度范围内保持完美的宽带吸声。

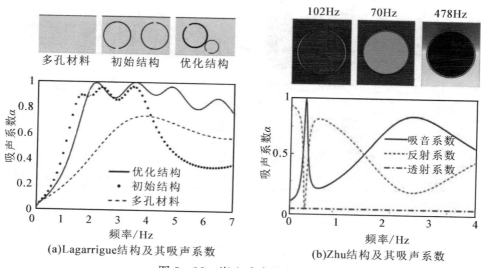

(a)Lagarrigue结构及其吸声系数　　(b)Zhu结构及其吸声系数

图3-18　嵌入式多孔超材料

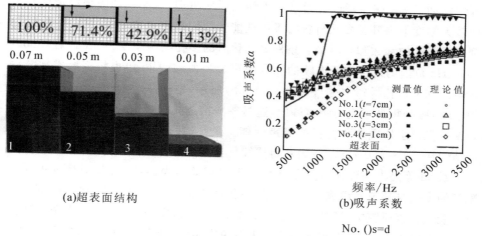

(a)超表面结构　　(b)吸声系数

No. ()s=d

图3-19　多孔型声学超表面

3.3　膜类超材料的低频宽带吸声机理

在处理低频吸声问题时,前述膜类声学超材料虽然有着良好的低频特性,但共振频率的降低是以牺牲共振带宽为代价的,先前的薄膜型吸声超材料在中频段内有一个宽频吸声,但低频段也只有一个较窄的带宽。怎样在保证低频吸声特性的同时,让结构也能具有一个宽频的特性,这是一个亟待解决的问题。本节主要以吸声型膜类声学超材料为研究对象,提出非对称型吸声结构,研究其非对称性对于整体吸声性能的影响,分别从对称和非对称结构的吸声特性、整体弹性应变能以及等效质量面密度三方面来阐述,比较对称和非对称结构的差别,找出对应的关系,并提出低频宽带吸声结构的设计。

3.3.1　非对称和对称膜类声学超材料的吸声性能比较

对于膜类声学超材料结构的研究,采用有限元软件 COMSOL 进行吸声性能数值计算。本次数值仿真的结构单元为硅胶薄膜,薄膜上附两块共振质量单元,为半圆小铁片,结构示意图如图 3-20(a)所示。入射波为平面声波,两半圆为硅胶薄膜,四周定义为硬质边界,薄膜四周固定约束。图 3-20(b)所示为结构的具体尺寸示意图,其中大长方形区域为薄膜,两半圆部分为半圆形铁片,其中薄膜的长度 $L = 31$ mm、薄膜的宽度 $W = 15$ mm、薄膜厚度为 0.2 mm、半径 $r = 6$ mm,其圆心距离薄膜中心距离 $m = 7.5$ mm,铁片的厚度为 1 mm。

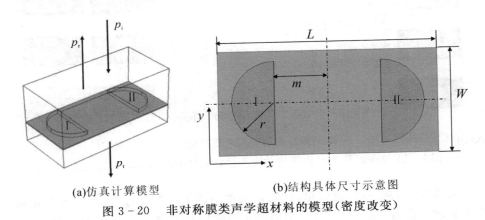

　　　(a)仿真计算模型　　　　　　　　　(b)结构具体尺寸示意图

图 3-20　非对称膜类声学超材料的模型(密度改变)

对于硅胶薄膜这类黏弹性材料,其复弹性模量 $E(\omega) = E_1(\omega) + iE_2(\omega) = E_1(\omega)[1+i\beta(\omega)]$,其中实部 E_1 为薄膜的储能模量,它与储存在薄膜中的弹性势能有关;虚部 E_2 为损耗模量,与耗散在材料中的能量有关;$\beta(\omega)$ 为损耗因子。硅胶薄膜的储能模量、损耗模量和损耗因子都是频率的函数,它们之间也并不是相互独立的,而应满足 Kramers – Kroni 关系[109]。这里我们取值 $E_1 = 1.9 \times 10^6$ Pa、$\beta = 4.2 \times 10^{-4}$;硅胶薄膜的其他具体参数为:密度 $\rho_1 = 980$ kg/m³、泊松比 $\mu = 0.48$;附着在薄膜表面的两块半圆铁片,上下两侧均定义为空气介质:$\rho_2 = 1.225$ kg/m³、$c = 340$ m/s;薄膜的初始预应力为 $\sigma_x = \sigma_y = 2.2 \times 10^5$ Pa;平面入射声波为 p_i、反射声波和透射声波分别为 p_r 和 p_t。首先采用无背衬工况条件下的吸声系数计算方法进行仿真,分别对入射声能、反射声能和透射声能在相应的边界进行积分,利用能量守恒定理即可计算出吸声系数:$\alpha = 1 - R_I - T_I$,R_I 和 T_I 分别表示声强反射系数和透射系数。

　　图 3 – 21 所示为非对称和对称膜类声学超材料的吸声性能对比及其峰值处对应的振型图。由图(a)可以看出该结构第一个吸声峰值频率 a 处对应的振型为质量块带动薄膜的上下振动,大量的能量消耗在质量块的外边缘处,第二个吸声峰值频率 b 对应的振型为质量块的扭振,第三个峰值频率 d 对应中间薄膜的振动,能量消耗在质量块的内边缘和固定边界处。三个共振模态的存在导致了该类型吸声材料拥有着良好的低频吸声特性,但可以看出材料仅在峰值频率处才存在着良好吸声性能,其他频率会出现吸声低谷,导致噪声很难完全被吸收。我们在此基础上开展对于非对称结构的宽频吸声性能研究。

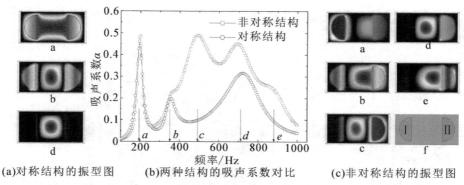

(a)对称结构的振型图　　(b)两种结构的吸声系数对比　　(c)非对称结构的振型图

图 3 – 21　非对称和对称结构的吸声性能对比及其峰值处对应的振型

　　对称结构的吸声带宽较窄,针对该类型的膜类声学超材料,可重新分布两个共振块的质量。如图 3 – 21(c)中的单元结构 f 所示,定义其中一块质量块密度为铁片密度 $\rho_I = 7870$ kg/m³,另一块定义其密度 $\rho_{II} = 1000$ kg/m³。在 COMSOL 吸声系数模块下,其计算结果如图 3 – 21(b)所示,其中图(c)中的 a、 b、c、d、e 分别代表每一吸声峰值频率处的振型。

对于对称结构来说，在平面波的激励下只能产生左右相互对称的振型，吸声峰值仅对应于 a、b、d 三个频率处的振型。本次仿真中，我们采取模型为在原来的基础上改变其左右两块质量块的不对称性。可以看出，非对称结构的吸声性能相比对称结构来说整体提高了，在保留了对称结构中 a、b 和 d 振型频率对应的吸声性能外，还增加了 c 和 e 振型频率对应的吸声峰值；从相应的振型可以看出，d 振型频率对应的吸声系数主要受质量块中间膜的振动影响，只和膜振动的面积大小有关，所以对称和不对称结构在这个频率处非常相似（此时非对称结构的峰值高于对称结构是因为前者在振动中还夹杂了质量块 Ⅱ 的 Z 方向振动，吸收了部分声能）；a、b 振型频率对应质量块 Ⅰ 的 Z 向振动和扭振；c 和 e 振型频率对应质量块 Ⅱ 的 Z 向振动和扭振。非对称模式下，结构整体的吸声性能得到了极大的提高，吸声带宽从原来的窄频扩大为宽频。

3.3.2　非对称膜类声学超材料的吸声原理

1. 非对称超材料的等效质量密度

首先来看该膜类声学超材料的等效质量密度。对于该类型的膜类声学超材料，可以等效为简单的弹簧振子系统，其等效质量可以表示为：$m_{\text{eff}} = \rho_{\text{eff}} V = M_0 + m/[1 - (\omega^2/\omega_0^2)]$，其中 $\omega_0^2 = 2k/m$、M_0 为基底的质量、m 为振子的质量。从公式中可以看出，等效质量密度会出现两种情况：① 有效质量密度为 0；② 有效质量密度为无穷大。对应的频率为：$\omega_1 = 2k/m$、$\omega_2 = \sqrt{2k(m + M_0)/mM_0}$。

整个薄膜质量块系统的有效质量密度 ρ_{eff} 可以通过 COMSOL 计算出来，将有效质量密度定义为整个薄膜和质量块系统的平均压力除以整个域的平均加速度[2]（两者都是 Z 方向的）。从图 3-22 中可以看出，在非对称结构的第一个吸声峰值处，其有效质量密度为零，这个很好理解，该频率点处由于其等效质量密度为零，当结构受力时，结构本身必然会产生一个很大的加速度，此时薄膜质量块处于共振频率区，弹性能比较大，能量的耗散必然也大，因此会出现吸声峰值；在第一个峰值右边，出现了有效质量密度由正无穷大突变为负无穷大的情况，从动力学的响应来说，一个质量为无穷大的物体在一个力的作用下，其加速度必然无限趋近于零，此时结构本身在谐振子的作用下会产生一个相反方向的作用力，最终使得结构基本保持静止，弹性能较小，所以吸声峰值必然很低。可以看出，等效质量密度曲线每次经过零点的频率（共有 5 个零点频率）都对应于吸声系数的峰值（共有 5 个峰值）。

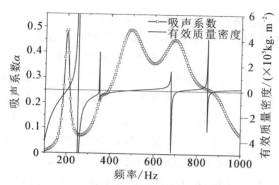

图 3 - 22　非对称结构的等效质量密度

2. 非对称超材料的弹性应变能

我们从应变能的角度来进一步探讨该非对称结构声学超材料的能量耗散过程。根据薄板弯曲的直线法假设，平面薄板弯曲时的应变能为：$Q_\varepsilon = 1/2 \iiint (\sigma_x \varepsilon_x + \sigma_y \varepsilon_y + \tau_{xy} \gamma_{xy}) \mathrm{d}x \mathrm{d}y \mathrm{d}z$。考虑到薄膜是一种柔性材料，在外力下会产生有限的变形，此时薄膜的位移分量和其偏导数不能忽略，可以采用拉格朗日（J. Lagrange）法来具体描述物体的变形问题[110]，相应的应变位移关系和应力应变如式（3.1）和式（3.2）所示，其中 $\varepsilon_z = \gamma_{yz} = \gamma_{zx} = 0$；$v$ 为 y 方向的位移。

$$\begin{cases} \varepsilon_x = \dfrac{\partial u}{\partial x} + \dfrac{1}{2} \left[\left(\dfrac{\partial u}{\partial x} \right)^2 + \left(\dfrac{\partial v}{\partial x} \right)^2 + \left(\dfrac{\partial w}{\partial x} \right)^2 \right] \\[2mm] \varepsilon_y = \dfrac{\partial v}{\partial y} + \dfrac{1}{2} \left[\left(\dfrac{\partial u}{\partial y} \right)^2 + \left(\dfrac{\partial v}{\partial y} \right)^2 + \left(\dfrac{\partial w}{\partial y} \right)^2 \right] \\[2mm] \gamma_{xy} = \dfrac{\partial v}{\partial x} + \dfrac{\partial u}{\partial y} + \left(\dfrac{\partial u}{\partial x} \dfrac{\partial u}{\partial y} + \dfrac{\partial v}{\partial x} \dfrac{\partial v}{\partial y} + \dfrac{\partial w}{\partial x} \dfrac{\partial w}{\partial y} \right) \end{cases} \quad (3.1)$$

$$\begin{cases} \sigma_x = \sigma_0 + \dfrac{E}{1 - \nu^2} (\varepsilon_x + \nu \varepsilon_y) \\[2mm] \sigma_y = \sigma_0 + \dfrac{E}{1 - \nu^2} (\varepsilon_y + v \varepsilon_x) \\[2mm] \tau_{xy} = \dfrac{E}{2(1 + \nu)} \gamma_{xy} \end{cases} \quad (3.2)$$

式（3.2）中，ν 为材料泊松比。根据薄板弯曲的应变能表达式 Q_ε，并将坐标 z 从 $-h/2$ 到 $h/2$ 进行积分可以得到：

$$Q_\varepsilon = \frac{1}{2} \iiint (\sigma_x \varepsilon_x + \sigma_y \varepsilon_y + \tau_{xy} \gamma_{xy}) \mathrm{d}x\mathrm{d}y\mathrm{d}z$$

$$= \frac{1}{2} \left\{ \frac{\sigma_0 h^3}{24} \iint \left[\left(\frac{\partial^2 w}{\partial x^2} \right)^2 + \left(\frac{\partial^2 w}{\partial y^2} \right)^2 + 2 \left(\frac{\partial^2 w}{\partial x \partial y} \right)^2 \right] \mathrm{d}x\mathrm{d}y + \frac{\sigma_0 h}{2} \iint \left[\left(\frac{\partial w}{\partial x} \right)^2 + \left(\frac{\partial w}{\partial y} \right)^2 \right] \mathrm{d}x\mathrm{d}y \right\} +$$

$$\frac{D}{2} \iint \left[\left(\frac{\partial^2 w}{\partial x^2} \right)^2 + \left(\frac{\partial^2 w}{\partial y^2} \right)^2 + 2\nu \frac{\partial^2 w}{\partial x^2} \frac{\partial^2 w}{\partial y^2} + 2(1-\nu) \left(\frac{\partial^2 w}{\partial x \partial y} \right)^2 \right]$$

$$\tag{3.3}$$

对于四周固定的矩形薄板来说,利用斯托克斯公式推导可以得到:

$$\iint \left(\frac{\partial^2 w}{\partial x \partial y} \right)^2 \mathrm{d}x\mathrm{d}y = \iint \frac{\partial^2 w}{\partial x^2} \frac{\partial^2 w}{\partial y^2} \mathrm{d}x\mathrm{d}y \tag{3.4}$$

将式(3.4)代入前面的弹性应变能 Q_ε,即得:

$$Q_\varepsilon = \frac{1}{2} \left(\frac{\sigma_0 h^3}{24} + D \right) \iint \left(\frac{\partial^2 w}{\partial x^2} + \frac{\partial^2 w}{\partial y^2} \right)^2 \mathrm{d}x\mathrm{d}y + \frac{\sigma_0 h}{4} \iint \left[\left(\frac{\partial w}{\partial x} \right)^2 + \left(\frac{\partial w}{\partial y} \right)^2 \right] \mathrm{d}x\mathrm{d}y$$

$$\tag{3.5}$$

从上式可以看出,在预应力的作用下,薄膜的等效弯曲刚度调整为:

$$D^* = D + \frac{\sigma_0 h^3}{24} = \frac{Eh^3}{12(1-\nu^2)} + \frac{\sigma_0 h^3}{24} = \left[\frac{E}{(1-\nu^2)} + \frac{\sigma_0}{2} \right] \frac{h^3}{12} \tag{3.6}$$

该膜类声学超材料的 w 一阶导数在铁片边界处不连续,从而导致了在这些边界处 Q_ε 的数值会很大,弹性薄膜的耗散能量与薄膜整体的弹性应变能成正比,因此在每一处弹性应变能峰值处都对应吸声系数的峰值,从图 3 - 23(彩图见书后插页)(a) 中可以看出非对称结构的吸声系数峰值频率和弹性应变能的峰值频率一一对应。在 COMSOL 中可以直接提取计算结果中薄膜质量块系统的整体弹性应变能,如图 3 - 23(a) 所示,相应的弹性应变能云图如图 3 - 23(b) 所示。可以看出,在非对称膜类声学超材料结构的影响下,弹性应变能的整体数值相较于对称结构来说提高非常多,尤其体现在第二个吸声峰值以后的频段内。

首先来看两种结构的第一个峰值和第二个峰值,不管是应变能的幅值还是峰值频率,它们的差异都非常小,即对称结构和非对称结构在这两个频率处的总弹性应变能是基本相同的,从上一节也可以看出,虽然两者前两阶振型不一样,但也依旧具有相同的吸声系数,也说明了前两个吸声峰值主要受质量块 I 的调控,另一方面,从对称结构的一阶振型可以看出虽然两质量块都在振动,但由于振动的对称性也带动了中间薄膜跟随运动,应变能大部分分布在半圆铁片的外边缘,内边缘基本没有应变,而非对称结构虽然只有质量块 I 在振动,但是质量块 II 却基本静止,此时大部分的应变能就分布在质量块 I 的外边缘与内边缘处,因此对称结构和非对称结构在此频率处具有相似的应变能和吸声系

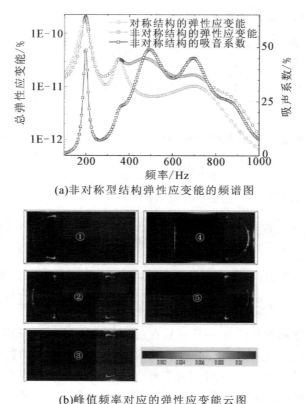

(a)非对称型结构弹性应变能的频谱图

(b)峰值频率对应的弹性应变能云图

图3-23　非对称结构的总弹性应变能和吸声曲线

数。随着频率的升高,质量块Ⅱ在声波的激励下达到其共振频率,在第3个峰值频率处产生了较大的应变能,因此吸声系数也在这个频率处达到了峰值,同样第5个应变能峰值也对应着质量块Ⅱ的扭振。第4个峰值处,对称结构和非对称结构在峰值频率上相差不大,只是幅值产生了变化,非对称结构的应变能峰值大于对称结构的,这从振型图中也可以解释,振型d在对称结构下只是中间膜的振动,相应的应变能集中在质量块的内边缘,在非对称结构下振型即包括中间薄膜的振动,也包括质量块Ⅱ的伴随振动,应变能除了分布在两质量块的内边缘之外,也分布在质量块Ⅱ的外边缘,因此在此频率处,非对称结构的整体应变能是高于对称结构的。整体来说在非对称模式的影响下,结构的总弹性应变能在全频段内高于对称模式的应变能,这也是二者吸声系数差异比较明显的原因之一。

3.3.3　非对称性的影响规律及宽频吸声特性

1. 非对称性对膜类声学超材料的影响规律

这一节,我们先来研究其左右不对称的程度对材料吸声系数的影响规律。我们先定义一个变量密度比例因子 $\mu = \rho_2/\rho_1$,其中 $\rho_1 = 7870 \text{ kg/m}^3$ 为第一块质量块的密度,ρ_2 为第二块质量块的密度。在 COMSOL 中可以计算出,随着密度比 μ 的改变吸声系数的变化趋势,如图 3-24 所示,选取了具有代表性的 $\mu = 0.1$、0.3、0.5 和 1.5 作为参考。可以看出,随着密度比的改变,其中有三个峰值频率处吸声系数是不改变的,分别是对称结构下的三个峰值频率处 a、b 和 d,这说明前两个峰值频率主要受第一块质量块调节;其余两个峰值频率随着密度比改变而改变,并表现为一定的规律,如图 3-25 所示,质量块 Ⅱ 的一阶和二阶峰值频率拟合后基本呈现 $f \propto$ 常数 $/ \sqrt{M}$ 的规律,这也说明了这两个峰值频率主要受第二块质量块的调节。我们可以通过适当地调节不对称比例来达到相应的低频、宽频要求。

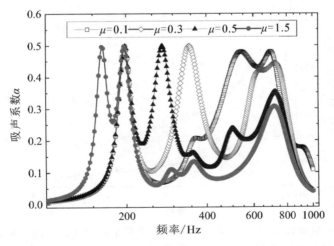

图 3-24　密度比 μ 改变对吸声系数的影响

非对称性可大大提高膜类声学超材料的吸声系数,但在实践中密度比 μ 的改变是很难实现的。质量 $m = \rho V$,我们可以通过质量块的厚度改变质量块体积,从而达到改变质量的目的,这是可以实现的。图 3-26 所示为质量块 Ⅱ 的一、二阶吸声峰值随厚度比 γ 的变化规律,和图 3-25 所示其随密度比改变具有相似的变化趋势,因此通过调节质量块厚度可以实现整体吸声系数的调节。

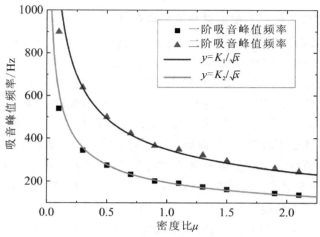

图 3-25　一、二阶吸声峰值频率随密度比 μ 的变化规律

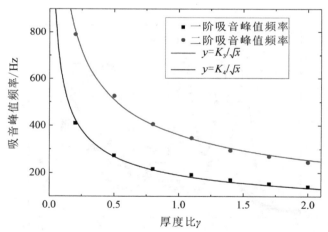

图 3-26　质量块 Ⅱ 的一阶和二阶吸声峰值频率随厚度比 μ 的变化规律

2. 非对称低频宽带吸声超材料及其吸声特性分析

　　根据上一节质量块 Ⅱ 的一阶和二阶峰值频率随密度比 μ 的变化规律,我们设计了以下的结构,如图 3-27 所示。该结构由四个相同单元组成,每个单元中都包括两个密度互不相等的质量块,8 个质量块的具体密度分配如表 3.1 所示,薄膜总长度 62 mm、宽度 30 mm、厚度 0.2 mm,质量块厚度 1 mm,其余参数均

和 3.3.1 中的模型一致。本次软件仿真中依靠改变结构的质量块密度来实现宽频吸声,实验中可以通过改变质量块厚度来实现。模型中每个单元四周都采用固定约束方式,营造一个完全封闭的系统,保证质量块共振时互不影响。

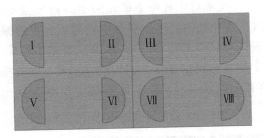

图 3 - 27　宽频吸声结构示意图

表 3.1　密度分配表

序号	ρ_I	ρ_{II}	ρ_{III}	ρ_{IV}	ρ_V	ρ_{VI}	ρ_{VII}	ρ_{VIII}
密度 /(kg · m⁻³)	7870	7000	6000	5000	4000	3000	2000	1000

通过计算,该类型非对称结构的吸声性能如图 3-28 所示,可以看出仅仅采用 0.2 mm 厚的薄膜和 8 块质量互不相等的质量块,就能实现用小尺寸结构达到低频段的吸声特性,并且更重要的是在整个低频段内(195 ～ 700 Hz)都具有一个很宽频的高吸声系数,既实现了低频的需求,也解决了宽频的难点问题,一举两得。

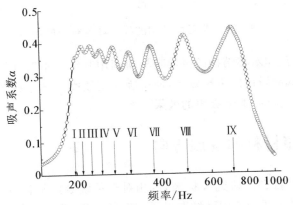

图 3 - 28　非对称结构的宽频吸声性能

　　通过提取图 3-28 中结构每一阶吸声峰值的振型进行研究,发现峰值出现了 9 次,分别对应的振型如图 3-29(彩图见书后插页)所示。这和预测的结果是一致的,前 8 阶(Ⅰ～Ⅷ)吸声系数的峰值频率对应着不同质量块在 z 方向上的振动,第 9 阶(Ⅸ)峰值频率对应着每个单元的中间薄膜振动,这和图 3-21(a)中 d 振型是相同的,该频率处的吸声主要是中间薄膜自身的振动吸声,和质量块之间没有关系。从振型图可以看出,每一阶峰值主要是质量块在 z 方向上的振动引起的,当然在整个频域一定也存在半圆形铁片沿着 y 轴的扭振,但已经被 8 个质量块构成的吸声宽频所覆盖了,所以从振型中没有表现出扭振引起的吸声峰值。

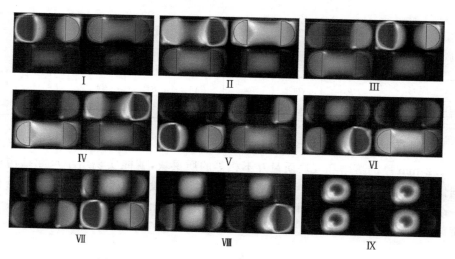

图 3-29　非对称结构的吸声峰值对应的振型

　　总之,该类型非对称结构的声学超材料利用其结构不对称性造成的多个共振模式拓宽了低频段内的吸声效果,使得吸声型膜类声学超材料能够在保证低频吸声的同时,也具有宽带吸声的效果。

3.4　吸声超材料的发展方向

　　从整个吸声材料的研究现状来看,相对于传统吸声材料,声学超材料在低频吸声和宽带吸声两个方面已经取得了一定的成果,为吸声材料的设计提供了新的思路。为了进一步促进吸声材料的发展,还需要从以下几个方面进行努力:

1. 新的多峰吸声机理

目前实现宽带吸声最有效的办法就是将多个单元提供的峰值进行耦合,最终形成一个连续的吸声频带。但是在大部分的研究中,每个单元只有一个吸声峰值,在单元数量有限的情况下,频带会被限制在一定范围内,因此要想进一步拓宽吸声频带便需要引入单元的高阶峰值。最新的部分研究利用空腔结构的高阶共振特性,引入了高阶峰值,形成了吸声宽带,但是空腔结构本身的低频性能较差,要实现低频吸声只能增加结构的厚度。因此,如何在低频性能较好的亥姆霍兹共振器、微穿孔板或者其他新型结构中引入高阶吸声峰值是一项具有重要意义的工作。

2. 低频峰值带宽拓宽机理

目前的研究主要是通过共振结构实现了低频吸声,但是由于共振特性的限制,频率越低,其吸声带宽越窄,不利于工程应用;在此基础上,即使采用多个不同单元并联的方式,其吸声频带也不会太宽。因此如何在低频范围内尽可能拓宽材料的吸声峰值带宽是一个值得关注的问题。

3. 覆盖低频、中频、高频段的吸声材料

从宽带吸声的角度来说,目前的研究大致可分为两类:一类是在低频段实现了较小范围的吸声,另一类是中、高频带具有连续的吸声效果。而对于工程应用来说,设计出可以完全覆盖从低频到高频的全频带吸声材料具有十分重要的价值。

4. 工程应用

虽然声学超材料为解决低频宽带吸声提供了新的途径,但是可直接进行工程应用的成果还比较少,或受限于具体吸声性能,或受限于结构的稳定性,又或者是受限于加工难度与制造成本等。因此,设计出适合工程应用的吸声材料是声学超材料迈向工程化的重要一步。

3.5　本章小结

本章先回顾了传统吸声材料,然后详述了吸声超材料的发展过程,最后以吸声型膜类声学超材料为对象,研究了非对称吸声结构中共振质量块的非对称性对结构低频、宽频吸声性能的影响,从等效质量面密度和整体弹性应变能两方面分析了对称和非对称型结构的吸声机理,得出了关于非对称膜类吸声超材料的如下结论:

(1)在非对称模式下,结构整体的吸声性能相比于对称结构得到了极大的提高,吸声带宽从原来的窄频扩大为宽频。

(2)在非对称模式的影响下,结构的总弹性应变能在全频段内高于对称模式的弹性应变能,这是非对称结构吸声系数频带较宽的根本原因;其次,等效质量面密度为无穷大的频率点处对应吸声系数的谷值,经过零点的频率(共有 5 个零点频率)都对应于吸声系数的峰值,零等效质量面密度频率点越多,吸声系数的宽带效果就越明显,非对称结构模式下的零等效质量面密度点多于对称结构模式下的。

(3)因结构非对称性引起的各阶吸声峰值频率受共振块的质量调节,基本呈现 $f \propto$ 常数$/\sqrt{M}$ 的规律,且通过调节质量块厚度可以代替密度比的调节,根据该规律设计了一种低频宽带的吸声结构,采用 0.2 mm 厚的硅胶薄膜和 8 块质量互不相等的质量块,实现了用小尺寸结构达到低频的吸声特性,更重要的是在整个低频段内(195~700 Hz)都具有一个很宽频的高吸声系数,既实现了低频吸声的需求,也解决了宽带吸声的难点问题。

参考文献

[1] 马大猷. 亥姆霍兹共鸣器[J]. 声学技术,2002,21(1):2-3.

[2] INGARD U. On the theory and design of acoustic resonators[J]. The Journal of the acoustical society of America, 1953, 25(6): 1037-1061.

[3] CHANAUD R C. Effects of geometry on the resonance frequency of Helmholtz resonators[J]. Journal of Sound and Vibration, 1994, 178(3): 337-348.

[4] TANG P K, SIRIGNANO W A. Theory of a generalized Helmholtz resonator[J]. Journal of Sound and Vibration, 1973, 26(2): 247-262.

[5] SELAMET A, LEE I. Helmholtz resonator with extended neck[J]. The Journal of the Acoustical Society of America, 2003, 113(4): 1975-1985.

[6] SELAMET A, XU M B, LEE I J, et al. Helmholtz resonator lined with absorbing material[J]. The Journal of the Acoustical Society of America, 2005, 117(2): 725-733.

[7] YANG D, WANG X, ZHU M. The impact of the neck material on the sound absorption performance of Helmholtz resonators[J]. Journal of sound and Vibration, 2014, 333(25): 6843-6857.

[8] CAI C, MAK C M, SHI X. An extended neck versus a spiral neck of

the Helmholtz resonator[J]. Applied Acoustics, 2017, 115: 74 - 80.

[9]　LANGFELDT F, HOPPEN H, GLEINE W. Resonance frequencies and sound absorption of Helmholtz resonators with multiple necks[J]. Applied Acoustics, 2019, 145: 314 - 319.

[10]　WU G, LU Z, XU X, et al. Numerical investigation of aeroacoustics damping performance of a Helmholtz resonator: Effects of geometry, grazing and bias flow[J]. Aerospace Science and Technology, 2019, 86: 191 - 203.

[11]　CAI C, MAK C M. Acoustic performance of different Helmholtz resonator array configurations [J]. Applied Acoustics, 2018, 130: 204 - 209.

[12]　XU M B, SELAMET A, KIM H. Dual helmholtz resonator[J]. Applied Acoustics, 2010, 71(9): 822 - 829.

[13]　TANG S K, NG C H, LAM E Y L. Experimental investigation of the sound absorption performance of compartmented Helmholtz resonators [J]. Applied acoustics, 2012, 73(9): 969 - 976.

[14]　KIM S R, KIM Y H, JANG J H. A theoretical model to predict the low - frequency sound absorption of a Helmholtz resonator array[J]. The Journal of the Acoustical Society of America, 2006, 119(4): 1933 - 1936.

[15]　MAA D Y. Theory and design of microperforated panel sound - absorbing constructions[J]. Scientia Sinica, 1975, 18(1): 55 - 71.

[16]　MA D Y. Potential of microperforated panel absorber[J]. the Journal of the Acoustical Society of America, 1998, 104(5): 2861 - 2866.

[17]　MA D Y. Microperforated - panel wideband absorbers[J]. Noise control engineering journal, 1987, 29(3): 77 - 84.

[18]　马大猷. 高声强下的微穿孔板[J]. 声学学报, 1996: 10 - 14.

[19]　马大猷, 刘克. 微穿孔吸声体随机入射吸声性能[J]. 声学学报, 2000, 25(4): 289 - 296.

[20]　RANDEBERG R T. Perforated panel absorbers with viscous energy dissipation enhanced by orifice design[D]. Norwegian: Norwegian University of Science and Technology, 2000.

[21]　SAKAGAMI K, MORIMOTO M, YAIRI M, et al. A pilot study on

improving the absorptivity of a thick microperforated panel absorber [J]. Applied Acoustics, 2008, 69(2): 179 - 182.

[22]　NING J F, REN S W, ZHAO G P. Acoustic properties of micro - perforated panel absorber having arbitrary cross - sectional perforations [J]. Applied Acoustics, 2016, 111: 135 - 142.

[23]　徐颖, 何立燕, 陈挺, 等. 超细不锈钢纤维对厚微穿孔板吸声性能的影响 [J]. 噪声与振动控制, 2010, 30(2): 146 - 148, 159.

[24]　QIAN Y J, KONG D Y, LIU S M, et al. Investigation on micro - perforated panel absorber with ultra - micro perforations[J]. Applied acoustics, 2013, 74(7): 931 - 935.

[25]　MIASA I M, OKUMA M, KISHIMOTO G, et al. An experimental study of a multi - size microperforated panel absorber[J]. Journal of System Design and Dynamics, 2007, 1(2): 331 - 339.

[26]　LEE Y Y, LEE E W M, NG C F. Sound absorption of a finite flexible micro - perforated panel backed by an air cavity[J]. Journal of Sound and Vibration, 2005, 287(1 - 2): 227 - 243.

[27]　WANG C, CHENG L, PAN J, et al. Sound absorption of a micro - perforated panel backed by an irregular - shaped cavity[J]. The Journal of the Acoustical Society of America, 2010, 127(1): 238 - 246.

[28]　LIU J, HERRIN D W. Enhancing micro - perforated panel attenuation by partitioning the adjoining cavity[J]. Applied Acoustics, 2010, 71 (2): 120 - 127.

[29]　SAKAGAMI K, NAKAMORI T, MORIMOTO M, et al. Double - leaf microperforated panel space absorbers: A revised theory and detailed analysis[J]. Applied Acoustics, 2009, 70(5): 703 - 709.

[30]　CHANG D, LU F, JIN W, et al. Low - frequency sound absorptive properties of double - layer perforated plate under grazing flow[J]. Applied Acoustics, 2018, 130: 115 - 123.

[31]　COBO P, DE LA COLINA C, ROIBÁS - MILLÁN E, et al. A wideband triple - layer microperforated panel sound absorber[J]. Composite Structures, 2019, 226: 111226.

[32]　BUCCIARELLI F, FIERRO G P M, MEO M. A multilayer microperforated panel prototype for broadband sound absorption at low frequen-

cies[J]. Applied Acoustics, 2019, 146: 134 - 144.

[33]　WANG C, HUANG L. On the acoustic properties of parallel arrange-ment of multiple micro - perforated panel absorbers with different cavi-ty depths[J]. The Journal of the Acoustical Society of America, 2011, 130(1): 208 - 218.

[34]　KIM H S, MA P S, KIM B K, et al. Low - frequency sound absorp-tion of elastic micro - perforated plates in a parallel arrangement[J]. Journal of Sound and Vibration, 2019, 460: 114884.

[35]　MOSA A I, PUTRA A, RAMLAN R, et al. Wideband sound absorp-tion of a double - layer microperforated panel with inhomogeneous per-foration[J]. Applied Acoustics, 2020, 161: 107167.

[36]　PARK S H. Acoustic properties of micro - perforated panel absorbers backed by Helmholtz resonators for the improvement of low - frequency sound absorption[J]. Journal of Sound and Vibration, 2013, 332(20): 4895 - 4911.

[37]　ZHAO X, FAN X. Enhancing low frequency sound absorption of micro - perforated panel absorbers by using mechanical impedance plates[J]. Applied Acoustics, 2015, 88: 123 - 128.

[38]　ZHU X, CHEN Z, JIAO Y, et al. Broadening of the sound absorption bandwidth of the perforated panel using a membrane - type resonator [J]. Journal of Vibration and Acoustics, 2018, 140(3).

[39]　SCHROEDER M R. Diffuse sound reflection by maximum - length se-quences[J]. The Journal of the Acoustical Society of America, 1975, 57(1): 149 - 150.

[40]　SCHROEDER M R. Binaural dissimilarity and optimum ceilings for concert halls: More lateral sound diffusion[J]. The Journal of the A-coustical Society of America, 1979, 65(4): 958 - 963.

[41]　FUJIWARA K, MIYAJIMA T. Absorption characteristics of a practi-cally constructed Shroeder diffuser of quadratic - residue type[J]. Ap-plied Acoustics, 1992, 35(2): 149 - 152.

[42]　FUJIWARA K. A study on the sound absorption of a quadratic - resi-due type diffuser[J]. Acta Acustica united with Acustica, 1995, 81 (4): 370 - 378.

[43]　　KUTTRUFF H. Sound absorption by pseudostochastic diffusers (Schroeder diffusers)[J]. AppliedAcoustics, 1994, 42(3): 215 – 231.

[44]　　MECHEL F P. The wide – angle Diffuser – A wide – angle Absorber? [J]. Acta Acustica united with Acustica, 1995, 81(4): 379 – 401.

[45]　　WU T, COX T J, LAM Y W. From a profiled diffuser to an optimized absorber[J]. The Journal of the Acoustical Society of America, 2000, 108(2): 643 – 650.

[46]　　WU T, COX T J, LAM Y W. A profiled structure with improved low frequency absorption[J]. The Journal of the Acoustical Society of America, 2001, 110(6): 3064 – 3070.

[47]　　盛胜我. 伪随机扩散体的吸声性能及其应用[J]. 应用声学,1997:1 – 3.

[48]　　盛胜我,赵松龄. 赝随机扩散体吸声性能的数值分析与实验研究[J]. 声学学报,1996:620 – 624.

[49]　　赵松龄,盛胜我. 赝随机扩散体吸声性能的理论分析[J]. 声学学报, 1996:555 – 564.

[50]　　古林强,盛胜我. 扩散吸声体的优化设计[J]. 应用声学,2009,28(3): 184 – 189.

[51]　　CAO L, FU Q, SI Y, et al. Porous materials for sound absorption[J]. Composites Communications, 2018, 10: 25 – 35.

[52]　　DELANY M E, BAZLEY E N. Acoustical properties of fibrous absorbent materials[J]. Applied acoustics, 1970, 3(2): 105 – 116.

[53]　　MIKI Y. Acoustical properties of porous materials – Modifications of Delany – Bazley models[J]. Journal of the Acoustical Society of Japan (E), 1990, 11(1): 19 – 24.

[54]　　MIKI Y. Acoustical properties of porous materials – generalizations of empirical models[J]. Journal of the Acoustical Society of Japan (E), 1990, 11(1): 25 – 28.

[55]　　KOMATSU T. Improvement of the Delany – Bazley and Miki models for fibrous sound – absorbing materials[J]. Acoustical science and technology, 2008, 29(2): 121 – 129.

[56]　　JOHNSON D L, KOPLIK J, DASHEN R. Theory of dynamic permeability and tortuosity in fluid – saturated porous media[J]. Journal of fluid mechanics, 1987, 176: 379 – 402.

[57] CHAMPOUX Y, ALLARD J F. Dynamic tortuosity and bulk modulus in air – saturated porous media[J]. Journal of applied physics, 1991, 70 (4): 1975 – 1979.

[58] ALLARD J F, CHAMPOUX Y. New empirical equations for sound propagation in rigid frame fibrous materials[J]. The Journal of the Acoustical Society of America, 1992, 91(6): 3346 – 3353.

[59] LAFARGE D, LEMARINIER P, ALLARD J F, et al. Dynamic compressibility of air in porous structures at audible frequencies[J]. The Journal of the Acoustical Society of America, 1997, 102 (4): 1995 –2006.

[60] WANG C N, TORNG J H. Experimental study of the absorption characteristics of some porous fibrous materials[J]. Applied Acoustics, 2001, 62(4): 447 – 459.

[61] ANDO Y, KOSAKA K. Effect of humidity on sound absorption of porous materials[J]. Applied Acoustics, 1970, 3(3): 201 – 206.

[62] ZHU W, NANDIKOLLA V, GEORGE B. Effect of bulk density on the acoustic performance of thermally bonded nonwovens[J]. Journal of Engineered Fibers and Fabrics, 2015, 10(3): 39 – 45.

[63] LIN J H, LIN C M, HUANG C C, et al. Evaluation of the manufacture of sound absorbent sandwich plank made of PET/TPU honeycomb grid/PU foam[J]. Journal of composite materials, 2011, 45(13): 1355 –1362.

[64] CHANG G, ZHU X, LI A, et al. Formation and self – assembly of 3D nanofibrous networks based on oppositely charged jets[J]. Materials & Design, 2016, 97: 126 –130.

[65] CHOE H, SUNG G, KIM J H. Chemical treatment of wood fibers to enhance the sound absorption coefficient of flexible polyurethane composite foams[J]. Composites Science and Technology, 2018, 156: 19 – 27.

[66] MOSANENZADEH S G, NAGUIB H E, PARK C B, et al. Design and development of novel bio – based functionally graded foams for enhanced acoustic capabilities[J]. Journal of materials science, 2015, 50 (3): 1248 – 1256.

[67] HUANG Y, ZHOU D, XIE Y, et al. Tunable sound absorption of sili-
cone rubber materials via mesoporous silica[J]. Rsc Advances, 2014, 4
(29): 15171 - 15179.

[68] KIRBY R, CUMMINGS A. Prediction of the bulk acoustic properties
of fibrous materials at low frequencies[J]. Applied Acoustics, 1999, 56
(2): 101 - 125.

[69] 姜洪源,武国启,耶·阿·伊兹儒勒夫. 金属橡胶材料吸声特性研究
[J].声学学报,2008,33(4):334 - 339.

[70] WU J H, HU Z P, ZHOU H. Sound absorbing property of porous
metal materials with high temperature and high sound pressure by tur-
bulence analogy [J]. Journal of Applied Physics, 2013, 113
(19): 194905.

[71] WANG X, LI Y, CHEN T, et al. Research on the sound absorption charac-
teristics of porous metal materials at high sound pressure levels[J]. Ad-
vances in Mechanical Engineering, 2015, 7(5): 1687814015575429.

[72] MENG H, AO Q B, REN S W, et al. Anisotropic acoustical properties
of sintered fibrous metals[J]. Composites Science and Technology,
2015, 107: 10 - 17.

[73] 张波,陈天宁,冯凯,等. 烧结金属纤维多孔材料的高温吸声性能[J]. 西
安交通大学学报,2008,42(11):1327 - 1331.

[74] LIGODA - CHMIEL J, ŚLIWA R E, POTOCZEK M. Flammability
and acoustic absorption of alumina foam/tri - functional epoxy resin
composites manufactured by the infiltration process[J]. Composites
Part B: Engineering, 2017, 112: 196 - 202.

[75] KE H, DONGHUI Y, SIYUAN H, et al. Acoustic absorption proper-
ties of open - cell Al alloy foams with graded pore size[J]. Journal of
Physics D: Applied Physics, 2011, 44(36): 365405.

[76] ZHAI W, YU X, SONG X, et al. Microstructure - based experimental
and numerical investigations on the sound absorption property of open -
cell metallic foams manufactured by a template replication technique
[J]. Materials & Design, 2018, 137: 108 -116.

[77] CHENG W, DUAN C, LIU P, et al. Sound absorption performance of
various nickel foam - base multi - layer structures in range of low fre-

quency[J]. Transactions of Nonferrous Metals Society of China, 2017, 27(9): 1989 - 1995.

[78] WANG F, GU H, YIN J, et al. Porous Si3N4 fabrication via volume - controlled foaming and their sound absorption properties[J]. Journal of Alloys and Compounds, 2017, 727: 163 - 167.

[79] LIU P S, QING H B, HOU H L. Primary investigation on sound absorption performance of highly porous titanium foams[J]. Materials & Design, 2015, 85: 275 - 281.

[80] YANG Z, MEI J, YANG M, et al. Membrane - type acoustic metamaterial with negative dynamic mass[J]. Physical Review Letters, 2008, 101 (20): 204301.

[81] MEI J, MA G, YANG M, et al. Dark acoustic metamaterials as super absorbers for low - frequency sound[J]. Nature Communications, 2012, 3: 756.

[82] MA G, YANG M, XIAO S, et al. Acoustic metasurface with hybrid resonances[J]. Nature materials, 2014, 13(9): 873 - 878.

[83] CHEN Y, HUANG G, ZHOU X, et al. Analytical coupled vibro- acoustic modeling of membrane - type acoustic metamaterials: Plate model[J]. The Journal of the Acoustical Society of America, 2014, 136 (6): 2926 - 2934.

[84] CHEN Y, HUANG G, ZHOU X, et al. Analytical coupled vibro- acoustic modeling of membrane - type acoustic metamaterials: Membrane model[J]. The Journal of the Acoustical Society of America, 2014, 136(3): 969 - 979.

[85] MA F, HUANG M, WU J H. Acoustic metamaterials with synergetic coupling[J]. Journal of Applied Physics, 2017, 122(21): 215102.

[86] ZHAO J, LI X, WANG Y, et al. Membrane acoustic metamaterial absorbers with magnetic negative stiffness[J]. The Journal of the Acoustical Society of America, 2017, 141(2): 840 - 846.

[87] CAI X, GUO Q, HU G, et al. Ultrathin low - frequency sound absorbing panels based on coplanar spiral tubes or coplanar Helmholtz resonators[J]. Applied Physics Letters, 2014, 105(12): 121901.

[88] LI Y, ASSOUAR B M. Acoustic metasurface - based perfect absorber

with deep subwavelength thickness[J]. Applied Physics Letters, 2016, 108(6): 063502.

[89] WANG Y, ZHAO H, YANG H, et al. A tunable sound – absorbing metamaterial based on coiled – up space[J]. Journal of Applied Physics, 2018, 123(18): 185109.

[90] WU F, XIAO Y, YU D, et al. Low – frequency sound absorption of hybrid absorber based on micro – perforated panel and coiled – up channels[J]. Applied Physics Letters, 2019, 114(15): 151901.

[91] SHEN Y, YANG Y, GUO X, et al. Low – frequency anechoic metasurface based on coiled channel of gradient cross – section[J]. Applied Physics Letters, 2019, 114(8): 083501.

[92] DONDA K, ZHU Y, FAN S W, et al. Extreme low – frequency ultrathin acoustic absorbing metasurface [J]. Applied Physics Letters, 2019, 115(17): 173506.

[93] HUANG S, FANG X, WANG X, et al. Acoustic perfect absorbers via spiral metasurfaces with embedded apertures[J]. Applied Physics Letters, 2018, 113(23): 233501.

[94] JIMÉNEZ N, HUANG W, ROMERO – GARCÍA V, et al. Ultra – thin metamaterial for perfect and quasi – omnidirectional sound absorption[J]. Applied Physics Letters, 2016, 109(12): 121902.

[95] WU P, MU Q, WU X, et al. Acoustic absorbers at low frequency based on split – tube metamaterials[J]. Physics Letters A, 2019, 383 (20): 2361 – 2366.

[96] ZHANG C, HU X. Three – dimensional single – port labyrinthine acoustic metamaterial: Perfect absorption with large bandwidth and tunability[J]. Physical Review Applied, 2016, 6(6): 064025.

[97] JIMÉNEZ N, ROMERO – GARCÍA V, PAGNEUX V, et al. Rainbow – trapping absorbers: Broadband, perfect and asymmetric sound absorption by subwavelength panels for transmission problems[J]. Scientific reports, 2017, 7(1): 1 – 12.

[98] PENG X, JI J, JING Y. Composite honeycomb metasurface panel for broadband sound absorption[J]. The Journal of the Acoustical Society of America, 2018, 144(4): EL255 – EL261.

［99］ HUANG S, ZHOU Z, LI D, et al. Compact broadband acoustic sink with coherently coupled weak resonances[J]. Science Bulletin, 2019.

［100］ LONG H, SHAO C, LIU C, et al. Broadband near – perfect absorption of low – frequency sound by subwavelength metasurface[J]. Applied Physics Letters, 2019, 115(10): 103503.

［101］ JIANG X, LIANG B, LI R, et al. Ultra – broadband absorption by acoustic metamaterials [J]. Applied Physics Letters, 2014, 105 (24): 243505.

［102］ YANG M, CHEN S, FU C, et al. Optimal sound – absorbing structures[J]. Materials Horizons, 2017, 4(4): 673 – 680.

［103］ YANG J, LEE J S, KIM Y Y. Metaporous layer to overcome the thickness constraint for broadband sound absorption[J]. Journal of Applied Physics, 2015, 117(17): 174903.

［104］ YANG J, LEE J S, KIM Y Y. Multiple slow waves in metaporous layers for broadband sound absorption[J]. Journal of Physics D: Applied Physics, 2016, 50(1): 015301.

［105］ LAGARRIGUE C, GROBY J P, DAZEL O, et al. Design of metaporous supercells by genetic algorithm for absorption optimization on a wide frequency band[J]. Applied Acoustics, 2016, 102: 49 – 54.

［106］ ZHU X F, LAU S K, LU Z, et al. Broadband low – frequency sound absorption by periodic metamaterial resonators embedded in a porous layer[J]. Journal of Sound and Vibration, 2019, 461: 114922.

［107］ ZHOU J, ZHANG X, FANG Y. Three – dimensional acoustic characteristic study of porous metasurface[J]. Composite Structures, 2017, 176: 1005 – 1012.

［108］ FANG Y, ZHANG X, ZHOU J. Acoustic porous metasurface for excellent sound absorption based on wave manipulation[J]. Journal of Sound and Vibration, 2018, 434: 273 – 283.

［109］ 张思文, 吴九汇, 刘彰宜. 黏弹阻尼对一维杆状声子晶体能带结构频移的影响[J]. 西安交通大学学报, 2014, 48(3): 21 – 27＋48.

［110］ 牛嘉敏, 吴九汇. 非对称类声学超材料的低频宽带吸声特性[J]. 振动与冲击, 2018, 37(19): 45 – 49＋68.

第 4 章 吸声超材料的声学虹吸效应机理

薄膜型超材料不仅具有出色的低频吸声性能,而且还有厚度薄、质量轻等特点[1~11]。在以往的工作中,薄膜型超材料虽可以取得很好的低频吸声效果,但是仅有几个零散分布的峰值,对于工程噪声控制来说尚显不足,因此,本章旨在实现薄膜型超材料连续的低频宽带高效吸声。首先,为了实现 100% 吸声,设计含有背腔的薄膜型超材料元胞;其次,根据并联结构的思想提出声学虹吸效应的宽带吸声机理;再次,分析典型结构参数对吸声性能的影响;最后,通过峰值间的严格耦合,设计多元胞吸声材料,实现低频范围内优异的连续宽带吸声。

4.1 薄膜型吸声元胞的结构及吸声系数

4.1.1 元胞结构

薄膜型吸声元胞如图 4-1 所示,其结构由三部分组成:一个矩形硅胶薄膜,

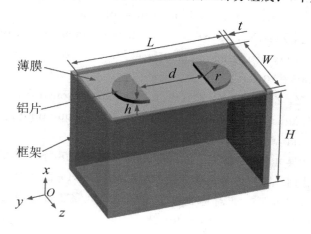

图 4-1 薄膜型吸声元胞结构

两个铝制半圆片和用来构造空气背腔的框架[12]。两个铝制半圆片固定在薄膜上,半径和高度分别为 $r = 6$ mm 和 $h = 0.4$ mm,半圆片之间的距离为 $d = 15$ mm。铝片的质量密度、杨氏模量和泊松比分别为:$\rho_p = 2700$ kg/m³、$E_p = 72$ GPa 和 $\nu_p = 0.35$。薄膜的长度、宽度和厚度分别为:$L = 36$ mm、$W = 21$ mm 和 $t_0 = 0.2$ mm,施加的预应力为 $\sigma_x = \sigma_y = 2.2 \times 10^5$ Pa。薄膜的密度、杨氏模量和泊松比分别为:$\rho_m = 980$ kg/m³、$E_m = 1.9 \times (1 + 4.2 \times 10^{-4}\omega \mathrm{i})$ MPa 和 $\nu_m = 0.48$。薄膜的四周边界固定在框架上,在模型里视为固定约束,框架的深度和厚度分别为 $H = 30$ mm 和 $t = 1$ mm。

4.1.2　声学阻抗模型

结构的声学阻抗由两部分组成:薄膜-质量块振动系统的阻抗 Z_M 和空气背腔的阻抗 Z_c,可表示为

$$Z_0 = Z_M + Z_c \tag{4.1}$$

薄膜-质量块等效为质量弹簧系统,其在声波的激励下产生振动,而振动本身又向空间辐射声波,因此这是一个典型的声-结构耦合过程,其力学等效模型如图 4-2 所示。将质量块等效为一个单位质量为 M 的刚性薄板,将薄膜等效为具有阻尼作用的弹簧,弹簧刚度为 K、阻尼系数为 R,薄板将特征阻抗为 $\rho_1 c_1$ 和 $\rho_2 c_2$ 的两种介质隔开[13]。

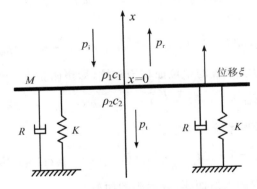

图 4-2　薄膜型吸声元胞等效模型

当频率为 ω 的声波沿 x 轴负方向入射到薄板表面时,其入射声压 p_i 可表示为:

$$p_i(x,t) = p_{ia} e^{j(\omega t + k_1 x)} \tag{4.2}$$

式中:$k_1 = \omega/c_1$ 为入射声波的波数;p_{ia} 为入射声波声压幅值。

薄板的反射声压为：

$$p_r(x,t) = p_{ra}e^{j(\omega t - k_1 x)} \tag{4.3}$$

式中：p_{ra} 为反射声波声压幅值。

经过薄板的透射声压为：

$$p_t(x,t) = p_{ta}e^{j(\omega t + k_2 x)} \tag{4.4}$$

式中：$k_2 = \omega/c_2$ 为透射声波的波数；p_{ta} 为透射声波声压幅值。

薄板在声波激励作用下的振动方程为：

$$M\ddot{\xi} + R\dot{\xi} + K\xi = p(x=0^-,t) - p(x=0^+,t) \tag{4.5}$$

$$p(x=0^-,t) = p_t(x=0^-,t) \tag{4.6}$$

$$p(x=0^+,t) = p_i(x=0^+,t) + p_r(x=0^+,t) \tag{4.7}$$

式中：$p(x=0^+,t)$ 为薄板上表面单位面积受到的力；$p(x=0^-,t)$ 为薄板下表面单位面积受到的力。

由薄板表面声压可求得其表面质点速度：

$$v(x=0^+,t) = j\omega\xi = (p_{ra} - p_{ia})/\rho_1 c_1 \tag{4.8}$$

$$v(x=0^-,t) = j\omega\xi = (-p_{ta})/\rho_2 c_2 \tag{4.9}$$

又根据边界连续条件可知：

$$v(x=0^+,t) = v(x=0^-,t) \tag{4.10}$$

将式（4.8）、式（4.9）和式（4.10）代入式（4.5）得：

$$(-\omega^2 M + j\omega R + K)\xi = -2p_{ia} - j\omega\rho_1 c_1\xi - j\omega\rho_2 c_2\xi \tag{4.11}$$

整理后可得：

$$\left[j\left(\omega M - \frac{K}{\omega}\right) + (R + \rho_1 c_1 + \rho_2 c_2)\right]v = -2p_{ia} \tag{4.12}$$

于是薄膜-质量块系统的单位面积声阻抗（即声阻抗率）为：

$$Z'_M = \left[j\left(\omega M - \frac{K}{\omega}\right) + (R + \rho_1 c_1 + \rho_2 c_2)\right]/2 \tag{4.13}$$

最终薄膜-质量块系统的声阻抗为

$$Z_M = \left[j\left(\omega M - \frac{K}{\omega}\right) + (R + \rho_1 c_1 + \rho_2 c_2)\right]/2 S_c \tag{4.14}$$

式中：S_c 为单胞结构的入射面积（或薄膜的面积）。

本吸声结构薄板两侧均为空气，因此特征阻抗 $\rho_1 c_1$ 和 $\rho_2 c_2$ 均为空气特征阻抗 $\rho_0 c_0$，因此，式（4.14）可以表示为：

$$Z_M = \left[j\left(\omega M - \frac{K}{\omega}\right) + (R + 2\rho_0 c_0)\right]/2S_c \tag{4.15}$$

考虑到本薄板结构在后方实际为空气背腔，而不是均匀空气介质，去掉该

模型中透射波的影响,因此薄板阻抗应修正为:

$$Z_M = \left[j\left(\omega M - \frac{K}{\omega}\right) + (R + \rho_0 c_0) \right]/2S_c \qquad (4.16)$$

空气背腔的阻抗可以用末端封闭的管的阻抗模型进行表征,即:

$$Z_c \approx - j \rho_0 c_0 \cot(k_0 H)/S_0 \qquad (4.17)$$

式中:$k_0 = \omega/c_0$ 为空气中入射声波的波数。

由于背腔的深度远小于对应波长,因此式(4.17)可进一步简化为:

$$Z_c \approx - j \rho_0 c_0 / k_0 H S_c \qquad (4.18)$$

将式(4.18)和式(4.16)代入式(4.1)可得结构的整体阻抗为:

$$Z_0 = \left[j\left(\omega M - \frac{K + 2 \rho_0 c_0^2 / H}{\omega}\right) + (R + \rho_0 c_0) \right]/2S_c \qquad (4.19)$$

4.1.3　吸声系数

吸声系数通过有限元软件 COMSOL Multiphysics™ 5.2 进行计算。有限元模型采用声固耦合模块,其中薄膜、铝片和框架设为固体域,空气设为空气域,薄膜的四周边界设为固定边界条件。入射声波沿着 x 轴负方向入射到结构表面,其声压幅值设置为 1 Pa。空气的密度和声速分别为:$\rho_0 = 1.25$ kg/m³ 和 $c_0 = 343$ m/s。所有其余结构参数设置都与图 4-1 中的保持一致。最终,结构的吸声系数和相对声阻抗率分别如图 4-3 和图 4-4 所示。

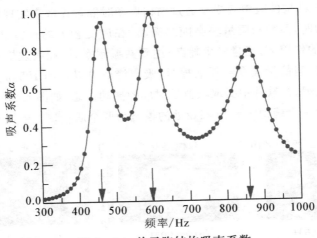

图 4-3　单元胞结构吸声系数

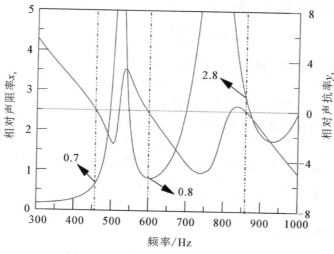

图 4 - 4　单元胞结构相对声阻抗率

　　如图 4 - 3 所示,结构厚度为 30 mm 时,在低频范围内具有三个优异吸声峰值,即在频率 $f = 460$ Hz、600 Hz 和 860 Hz 处吸声系数分别为 96%、99% 和 80%,显示出优异的低频吸声性能。从图 4 - 4 可以看出,在三个峰值处,结构的相对声抗率 y_s 均为 0,表示其处于共振状态;三个峰值处的相对声阻率 x_s 分别为 0.7、0.8 和 2.8,由于没有完全满足阻抗匹配条件,三个峰值均无法实现 100% 吸声。该结构的吸声效果是通过结构振动时能量耗散来实现的,当声波入射到薄膜结构时,薄膜和质量块会随之振动,在应变较大的地方会产生弹性应变能,在阻尼的作用下,能量发生耗散;达到共振频率时,耗散效果最佳,因此会形成吸声峰值;当能量被全部耗散掉时,吸声峰值可以达到 100%。为了更进一步研究吸声机理,在软件中提取峰值处对应的振动模态,如图 4 - 5(彩图见书后插页)所示。第一个峰值 $f = 460$ Hz 处的模态为两个质量块上下振动,薄膜基本

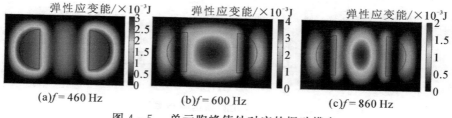

图 4 - 5　单元胞峰值处对应的振动模态

不动,此时弹性应变能主要集中于质量块的边界处;第二个峰值 $f = 600$ Hz 处的模态为中间薄膜上下振动,同时带动质量块进行扭转振动,弹性应变能主要集中于两个半圆片的外侧顶点处;第三个峰值 $f = 860$ Hz 处的模态为薄膜中心进行上下振动,质量块扭转振动,其与第二个峰值的区别在于,处于薄膜状态的薄膜面积较小,且振动幅度较低,此时弹性应变能主要集中于两个半圆片内侧直边处。

4.2　声学虹吸效应宽带吸声机理

4.2.1　声学虹吸效应

实现宽带吸声最有效的办法就是增加元胞的数量,以获得多个不同的吸声峰值,通过峰值间的严格耦合便可得到一个连续的吸声宽带。需要注意的是,当采用多元胞并联吸声时,要实现 100% 吸声,就要求某一元胞将全部入射能量吸收,此时就会出现声波能量集中流向这一单元的现象,这在本研究中定义为"声学虹吸效应"。

首先设计两元胞结构,如图 4-6 所示,其中元胞1的参数与之前的单元胞结构相同,元胞2在元胞1的基础上,将铝片的厚度由 $h_1 = 0.4$ mm 增加到 $h_2 = 2$ mm,以获取不同频率的吸声峰值。结构的吸声系数、相对声阻抗率和峰值处振型分别如图 4-7、图 4-8 和图 4-9(彩图见书后插页)所示。可以看到,两元胞结构具有 5 个明显的振动模态,因此在低频范围内获得了 5 个高吸声峰值。元胞2结构只提供了 2 个振动模态,因为铝片厚度增加以后,限制了自身的扭转振

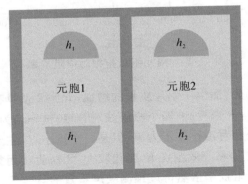

图 4-6　薄膜型两元胞结构

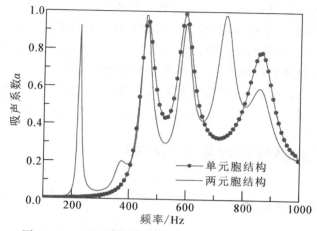

图 4 - 7　两元胞结构与单元胞结构吸声系数对比

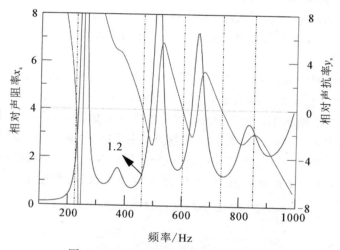

图 4 - 8　两元胞结构相对声阻抗率

动,使得二阶振型消失;而由于铝片质量的增加,元胞 2 便具有更低频率的一阶振型和峰值。从图 4 - 8 来看,前四个峰值处,相对声抗率均为零,验证了其共振状态;第五个峰值处相对声抗率不为零,但是一个极小点,主要是因为此处振动较为复杂,阻尼系数 R 和等效刚度 K 变化较大,无法直接用集中式参数进行描述,但是此处根据声阻抗率依然可以预测吸声系数的具体值。特别注意的是,当有效吸声面积减小一半时,两元胞结构中 $f = 460$ Hz 处的吸声系数从 96％ 增加到了 99%,这就是"声学虹吸效应"作用,此时元胞 1 将整个结构的入射能量几乎全部吸收,是其在单元胞结构中吸收能量的 2 倍以上;此时的相对声阻率也由 0.7 增加到了 1.2,更加满足阻抗匹配条件,从理论上可以实现能量的全部吸收。

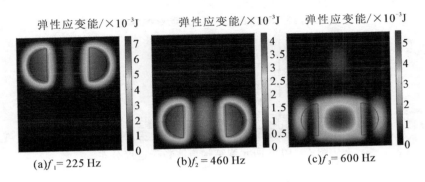

(a)$f_1 = 225$ Hz   (b)$f_2 = 460$ Hz   (c)$f_3 = 600$ Hz

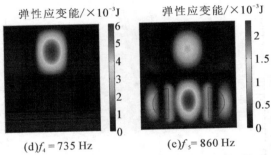

(d)$f_4 = 735$ Hz   (e)$f_5 = 860$ Hz

图 4-9   两元胞结构峰值对应的振动模态

为了更形象地说明声学虹吸效应,我们给出了两元胞结构中频率为 $f = 460$ Hz 处的声波粒子速度分布,如图 4-10 所示。由于表面阻抗的差异,几乎所有的入射能量从附近区域被"吸引"到元胞 1 中;和单元胞结构相比,在更多能量的作用下,铝片的振动幅度加大,吸收的能量更多。

对比图 4-5 和图 4-9 可以看到,元胞 1 中铝片的振动幅值由 3×10^{-3} mm 增加到了 4×10^{-3} mm;更进一步,分别从两种结构中提取总体的弹性应变能,如图 4-11 所示,两元胞结构中的弹性应变能是单元胞结构中的 2 倍以上,由于耗散能量与总体弹性应变能成正比,所以两元胞结构中的元胞 1 吸收的能量为原来的 2 倍多,因此吸声系数不仅没有降低,反而会有所增加。另外,声学虹吸效应只是加剧了结构的振动幅度,并没有改变其振动特性,因此其峰值频率可以保持不变。

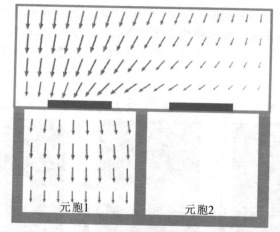

图 4 - 10　　两元胞结构声波粒子速度分布

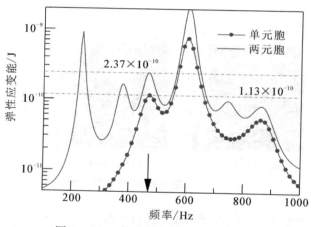

图 4 - 11　　薄膜结构弹性应变能对比

4.2.2　声学虹吸效应机理分析

　　声学虹吸效应是由结构表面的声学阻抗不一致引起的,本文将通过建立一个简单的理论模型对其形成机理进行分析和说明。首先,假设一个吸声结构由两个不同的元胞 A 和元胞 B 组成,如图 4 - 12(a)所示,其表面声学阻抗和峰值频率分别是 Z_A、Z_B,f_A、f_B,其表面声学阻抗可进一步表示为:

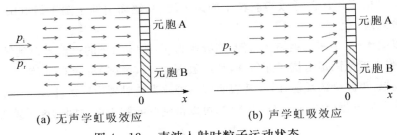

(a) 无声学虹吸效应　　　　　　　　(b) 声学虹吸效应

图 4 - 12　声波入射时粒子运动状态

$$Z_A = X_A + jY_A \tag{4.20}$$

$$Z_B = X_B + jY_B \tag{4.21}$$

式中：X_A 为元胞 A 的声阻；X_B 为元胞 B 的声阻；Y_A 为元胞 A 的声抗；Y_B 为元胞 B 的声抗。

当声波沿 x 轴负方向垂直入射到结构表面时，入射声场 p_i 和反射声场 p_r 分别为

$$p_i = p_{ia}\, e^{j(\omega t - kx)} \tag{4.22}$$

$$p_r = \gamma p_{ia}\, e^{j(\omega t + kx) + \sigma \pi} \tag{4.23}$$

式中：p_{ia} 为入射声压幅值；$j = \sqrt{-1}$ 为虚数单位；ω 为声波的角频率；k 为波数；γ 为入射声压幅值的放大倍数；$\sigma\pi$ 为反射声波与入射声波的相位差。因此，总的声压场 p 就可以表示为：

$$p = p_{ia}\, e^{j(\omega t - kx)} + \gamma p_{ia}\, e^{j(\omega t + kx) + \sigma\pi} \tag{4.24}$$

相应的声波粒子速度为：

$$v(x,t) = (p_{ia} e^{j(\omega t - kx)} + \gamma p_{ia}\, e^{j(\omega t + kx) + \sigma\pi}) / \rho_0 c_0 \tag{4.25}$$

式中：$\rho_0 c_0$ 为空气特征阻抗。

通过联立方程(4 - 20)～(4 - 23)，可得到：

$$\gamma_{A,B} = \sqrt{\frac{(X_{A,B} - 1)^2 + Y_{A,B}}{(X_{A,B} - 1)^2 + Y_{A,B}}} \tag{4.26}$$

$$(\sigma\pi)_{A,B} = \text{actan}\left(\frac{2\,Y_{A,B}}{X_{A,B}^2 + Y_{A,B}^2 + 1}\right) \tag{4.27}$$

于是，元胞 A 和元胞 B 的表面声压便可以表示为：

$$p_A(x = 0, t) = p_{ia}\, e^{j\omega t}(1 + \gamma_A\, e^{j(\sigma\pi)_A}) \tag{4.28}$$

$$p_B(x = 0, t) = p_{ia}\, e^{j\omega t}(1 + \gamma_B\, e^{j(\sigma\pi)_B}) \tag{4.29}$$

最终，元胞 A 和元胞 B 之间的表面声压差为：

$$\Delta p = p_{ia}\, e^{j\omega t}(\gamma_A\, e^{j(\sigma\pi)_A} - \gamma_B\, e^{j(\sigma\pi)_B}) \tag{4.30}$$

正是由于声压差导致声波粒子的集中流动,继而引发了图 4 - 12(b)中的声学虹吸效应。

以图 4 - 6 中两元胞结构为例,当频率为 $f = 460$ Hz 的声波入射到结构表面时,元胞 1 近似满足阻抗匹配条件,其声阻 $X_A = 1$、声抗 $Y_A = 0$;元胞 2 几乎没有吸声效果,声波全部反射,因此其表面可以等效为绝对硬边界条件 $X_B = \infty$。将以上参数代入到方程(4.26)~(4.30)中,可以得到两元胞表面之间的声压差为:

$$\Delta p = - p_{ia} e^{j\omega t} \tag{4.31}$$

通过以上分析可知,只有发生了声学虹吸效应中的能量集中现象,多单元结构才能在所有共振频率处满足阻抗匹配条件,从而全部吸收宽频带入射能量而不产生反射声波,最终取得优异的吸声表现。此外,考虑到单腔亥姆霍兹(Helmholtz)共鸣器的最大(临界)吸声半径 $r = \lambda/(\sqrt{2}\pi)$($\lambda$ 为声波入射波长),高效宽带吸声还须保证所有对应频率处的临界吸声面积,这样设计的由多单元并联组成的宽带完美吸声结构就必然对应一最大吸声面积。因此,基于考虑阻抗匹配和临界吸声半径的声学虹吸效应可以看作是所有并联吸声结构实现宽带完美吸声的基础物理机理。

4.2.3　声学虹吸效应对阻抗的影响

单元胞薄膜结构的相对声阻抗率可表示为:

$$z_{sc} = x_{sc} + jy_{sc} \tag{4.32}$$

式中:x_{sc} 为元胞结构的相对声阻率;y_{sc} 为元胞结构的相对声抗率。

对于多元胞结构,单元数量为 n 时,声波入射面积 S_0 为单个元胞面积 S_c 的 n 倍,则有效吸声面积比近似为 $\eta = 1/n$,此时该元胞结构的相对声阻抗率为:

$$z_{s0} = z_{sc} / \eta \tag{4.33}$$

因此,单元胞结构变为两元胞结构时,在频率 $f = 460$ Hz 时,相对声阻率应该为原先的两倍,即从 0.7 增大为 1.4,但是从图 4 - 8 可以看到,相对声阻率仅为 1.2,这是受声学虹吸效应的影响。

元胞结构共振时,声抗率为零,此时声压与声速同相,根据声学阻抗的定义,相对声阻率可以表示为:

$$x_s = z_{sc} = \frac{1}{\rho_0 c_0} \left| \frac{\bar{p}}{\bar{v}} \right| \tag{4.34}$$

式中:$|\bar{p}|$ 为结构表面的平均声压;$|\bar{v}|$ 为结构表面的平均粒子振动速度。

在多元胞结构中,受虹吸效应的作用,元胞的振动幅度加大,而入射压力保持不变,由式(4.34)可知,单元胞的相对声阻抗率减小,由原来的 z_{sc} 变成 z'_{sc},此时多元胞环境下的相对声阻抗率变为 $z_{s0} = z'_{sc} / \eta$。可以看出,薄膜结构声阻抗率的变化并不是随单元数量的增加而成比例增加,这就意味着在进行多单元结构设计时,吸声峰值不会随着数量的增加而下降太快,非常有利于宽带吸声的实现。

　　声学虹吸效应、阻抗率及吸声系数与面积比 η 密切相关,因此对不同面积比下的元胞吸声性能进行研究,所得具体吸声系数如图 4-13 所示,面积比 η 分别为 1/2、1/4、1/6 和 1/8。在图 4-13(a) 中,面积比为 1/2 时,元胞的前两个吸声峰值都在 90% 以上,但第三个峰值仅为 60% 左右;随着面积比继续减小,三个吸声峰值都逐渐降低,且后面两个峰值的下降程度要大于第一个峰值;无论峰值怎么变化,其振动特性一直没有改变,因此三个峰值频率也都保持不变。从图 4-13(b) 可以看到,面积比减小为 1/6 时,第一个峰值吸声系数为 75% 左右,依然具有优异的吸声效果,对实现宽带吸声非常有利。由于很难实现三个峰值同时具有较好的吸声系数,因此,优先选择第一个峰值进行吸声宽带的设计。

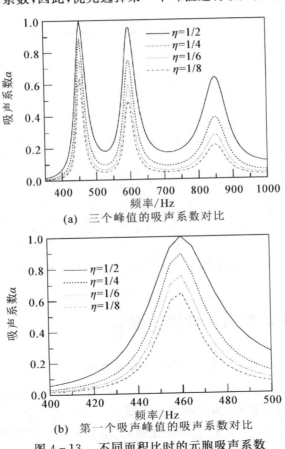

(a)　三个峰值的吸声系数对比

(b)　第一个吸声峰值的吸声系数对比

图 4-13　不同面积比时的元胞吸声系数

　　图 4-14 给出了薄膜结构的吸声系数和相对声阻率随不同吸声面积比的变化,并将之与非薄膜结构(经典亥姆霍兹共振器)进行了对比。首先,当吸声面积比 $\eta = 1$ 时,确保亥姆霍兹共振器具有与单胞薄膜结构相同的声阻率,即 $x_s = 0.7$,因此两种结构具有相同的吸声系数。可以看到,当吸声面积比从 $\eta = 1$ 减小到 $\eta = 1/8$ 时,在声学虹吸效应的作用下,薄膜结构的声阻率由 0.7 增加到 4.2,而亥姆霍兹共振器结构的声阻率则增加到了 5.6,薄膜结构的增幅仅为共振器结构增幅的 71%。基于此,薄膜结构的吸声系数从 96% 减小到 64%,而共振器结构则降低到了 51%。另外,还可以看到,若要在吸声面积比 $\eta = 1/6$ 甚至更低的情况下获得更高的吸声系数,薄膜单元胞结构的声阻率还需要进一步降低。总之,声学虹吸效应使得薄膜结构在阻抗特性上具有一定优势,更加有利于实现优异的宽带吸声。

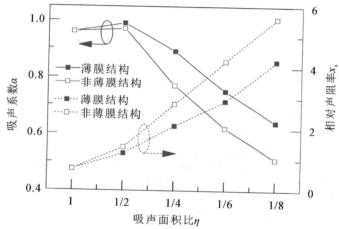

图 4-14　薄膜结构与非薄膜结构的吸声性能和声阻率对比

4.3　结构参数对吸声性能的影响

1. 面积比 $\eta = 1$(单胞结构) 时各参数的影响

　　单独的薄膜-质量块结构是无法实现 100% 吸声的,因为要提高吸声系数,必须使薄膜振动更加剧烈,而此时就会伴随更多的声波透射到薄膜后方,其吸声系数最高只可以到 50% 左右。理论上讲,只有添加空气背腔来抑制声波的透射,才有可能实现 100% 吸声。

　　与图 4 - 2 中模型相比,将含背腔的薄膜吸声结构等效为质量弹簧系统后,等效质量和阻尼系数不变,即 $M_0 = M$、$R_0 = R$,而等效弹簧刚度 $K_0 = K + 2\rho_0 c_0^2 / H$。根据前面分析可知,不同的振动状态时,结构表现出不同的阻尼效果(声阻),而由于薄膜材料的内在阻尼因子是不变的,可以认为阻尼系数 R_0 是跟 K_0 和 M_0 相关的,因此,影响结构吸声性能的根本因素就是等效刚度 K_0 和等效质量 M_0。这里从最经典的单层薄膜-质量块吸声结构[1] 出发,分析加上背腔后吸声性能的变化及各参数影响,薄膜-质量块结构参数如下:薄膜尺寸为 $L = 36$ mm 和 $W = 21$ mm;两个半圆片为铁片,高度为 $h = 1$ mm,其质量密度、杨氏模量和泊松比分别为:$\rho_p = 7860$ kg/m³、$E_p = 2 \times 10^{11}$ Pa 和 $\nu_p = 0.3$;其余参数与图 4 - 1 结构中的保持一致。有无背腔及不同背腔深度对吸声性能的影响如图 4 - 15 所示,背腔深度分别为 $H = 10$ mm、$H = 30$ mm 和 $H = 80$ mm。

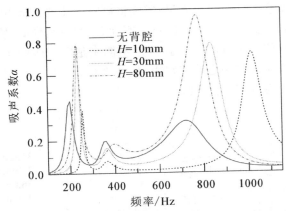

图 4 - 15　有无背腔及不同背腔深度对吸声系数的影响

　　结构不含背腔时,薄膜结构具有三个吸声峰值,其中第一个峰值吸声系数为 45%。当背腔深度为 10 mm,等效刚度增大,第一个和第三个峰值向高频移动,第二个峰值是质量块扭振形成的,受背腔刚度影响较弱,因此频率几乎不变;第一个峰值吸声系数下降至 35% 左右,而第三个峰值则增加到了 70%,这是因为弹簧刚度的增加使得第一个峰值处质量块的振动幅度减小,而第三个峰值处薄膜中心的振动幅度加大,由于两个峰值处等效质量不一样,而且薄膜很难直接等效为集中质量,因此同样的刚度变化会带来不同的效果。背腔深度为 80 mm 时,弹簧刚度减小,第一个和第三个峰值向低频移动,而且峰值系数都在增大,只是第一个吸声峰值变化幅度较小,第三个峰值增加较快,已经接近

95％。由此可知，背腔在一定程度上可以提高吸声系数，但随着深度增加，其对整体等效弹簧刚度的影响越来越小，而系统的刚度主要取决于薄膜的等效弹簧刚度，因此吸声系数增加也越来越缓慢，始终无法实现100％的吸声。

通过以上分析可知，结构刚度 K_o 对吸声系数可以产生显著的影响，考虑到背腔的限制，我们通过增大薄膜的尺寸，来进一步降低结构的等效刚度，进而观察吸声系数的变化，如图 4-16 所示。薄膜的尺寸 $L \times W$ 由 31 mm × 15 mm 分别增大为 33 mm × 18 mm、36 mm × 21 mm 和 40 mm × 25 mm，背腔厚度设定为 $H = 30$ mm。可以看到，随着薄膜尺寸的增大，薄膜的等效弹簧刚度逐渐降低，结构的三个吸声峰值都逐渐向低频移动，而且第三个吸声峰值逐渐增大，几乎可以实现100％吸声。这里重点分析第一个峰值，当薄膜尺寸增加到33 mm×18 mm 时，第一个峰值虽然向低频移动，但吸声系数几乎不变，说明弹簧刚度还需要进一步降低；薄膜尺寸为 36 mm × 21 mm 时，第一个峰值直接增长到95％左右，几乎可以实现100％ 吸声效果；继续将薄膜尺寸扩大至 40 mm × 25 mm，第一个吸声峰值出现了少许的下降，可见刚度 K_o 的持续降低，使得阻尼系数 R_o 也逐渐减小，最终使得相对声阻率小于1，不能满足阻抗匹配条件。从以上分析可以看出，刚度应保持在一定范围之内，使结构具有一定的阻尼，结构刚度过高或者过低，都会使得吸声系数下降。

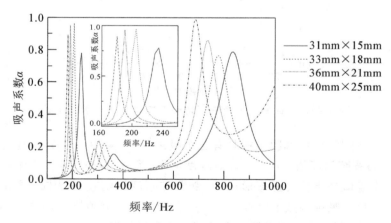

图 4-16　薄膜尺寸对吸声系数的影响

作为质量弹簧系统的重要组成部分，等效质量 M_o 对结构的振动特性和吸声特性也具有十分重要的影响。这里通过设置质量块密度的变化来反映质量的变化，密度分别设置为 $\rho = 6000$ kg/m³、$\rho = 4000$ kg/m³、$\rho = 2000$ kg/m³ 和 $\rho =$

$1000\ \text{kg/m}^3$，背腔厚度为 $H = 30\ \text{mm}$。吸声系数随质量块密度的变化如图 4-17 所示。可以看到，随着密度的减小，即等效质量 M_0 的减小，结构的三个峰值都向高频移动，其中第三个峰值移动幅度很小，因为其对应的是中心薄膜的振动，与等效质量没有直接的关系。

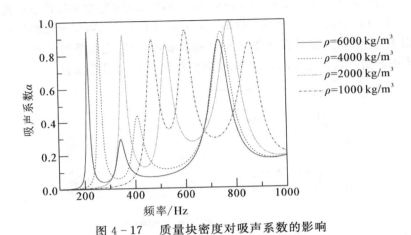

图 4-17　质量块密度对吸声系数的影响

2. 面积比 $\eta = 1/6$ 时各参数的影响

为了给宽带吸声设计提供依据，接下来研究面积比为 $\eta = 1/6$ 时，各结构参数对吸声性能的具体影响。图 4-18 显示了不同背腔深度下的吸声系数，背腔的深度分别为 $H = 20\ \text{mm}$、$H = 30\ \text{mm}$、$H = 40\ \text{mm}$ 和 $H = 50\ \text{mm}$。

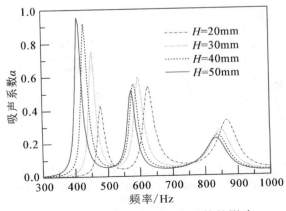

图 4-18　深度 H 对吸声系数的影响

　　可以看到,背腔深度对结构的吸声性能影响很大,当深度 H 从 20 mm 增加到 50 mm 时,第一个峰值的吸声系数从 40％ 上升到了 95％。这是因为,当背腔深度增大时,结构的等效刚度降低,薄膜振动幅度增大,继而吸收更多的能量。结构的相对声阻率也相应发生变化,从 3 减小到 1.55,如图 4-19 所示。在该图中,还将深度分别为 50 mm 和 30 mm 的两种结构的阻抗特性和吸声系数进行了对比,当吸声面积比从 1 减小到 1/8 时,$H = 50$ mm 结构的吸声系数始终保持在 80％ 以上,这明显改善了 $H = 30$ mm 结构的吸声特性,主要是因为 $H = 50$ mm 的结构在开始时具有更小的声阻率,受到的虹吸效应作用更显著。

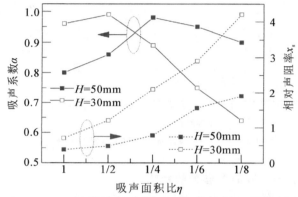

图 4-19　深度不同时结构阻抗特性和吸声性能对比

　　图 4-20 显示了质量块厚度 h 对吸声系数的影响,具体分别为 $h = 0.2$ mm、$h = 0.4$ mm、$h = 0.8$ mm 和 $h = 1$ mm,同时背腔深度为 $H = 50$ mm。可以看

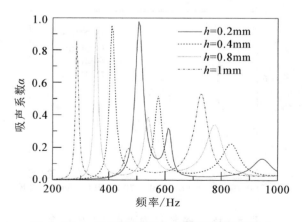

图 4-20　质量块厚度 h 对吸声系数的影响

到,质量块厚度对峰值频率具有更大的影响,当厚度从 0.2 mm 增加到 1 mm 时,峰值频率从 520 Hz 直接下降到 280 Hz 左右,非常有利于低频吸声的实现;随着峰值向低频移动,第一个峰值吸声逐渐下降,从 95% 下降到了 85% 左右。总体看来,增加质量块的厚度对低频吸声是非常有利的。

图 4-21 显示了薄膜预应力 σ 对吸声系数的影响,具体分别为 $\sigma = 1.6 \times 10^5$ Pa、$\sigma = 2.2 \times 10^5$ Pa 和 $\sigma = 2.8 \times 10^5$ Pa,同时背腔深度为 $H = 50$ mm。随着预应力的逐渐增大,结构的等效弹簧刚度随之增加,因此峰值逐渐向高频移动。更加令人惊喜的是,在峰值频率变化的同时,第一个峰值的吸声系数变化很小,这对于后期宽带设计过程中的峰值之间严格耦合指明了方向。

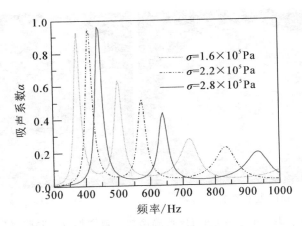

图 4-21　薄膜预应力 σ 对吸声系数的影响

4.4　宽带吸声超材料

结合虹吸效应宽带吸声机理和各参数对吸声系数的具体影响,本节进行了宽带吸声的设计,最终得到两种具有不同吸声效果的结构,并进行了实验验证。

4.4.1　400 ～ 600 Hz 薄膜型吸声超材料

该超材料结构如图 4-22(a) 所示,共由六个吸声元胞组成,每个元胞的铝片厚度和空腔深度见表4.1,其他参数都与图4-1中单元胞结构保持一致。实验样件的框架由 ABS 材料 3D 打印而成,整个结构的厚度尺寸为 50 mm、直径为 99 mm、单元之间的壁厚为 1.5 mm,可以看作硬声场边界。薄膜预应力是通过一种圆形的张紧器进行施加的,如图 4-22(b) 所示,首先取下一块圆形薄膜,将其边缘固定在张紧器上,通过转动张紧器的外侧框架,可以使得张紧器沿径向逐渐扩张,薄膜逐渐被施加应力。应力的大小通过薄膜的尺寸变化进行保证,根据胡克定律 $\Delta d = \sigma \cdot E / d$ 可知,当 $d = 100$ mm、$\sigma = 2.2 \times 10^5$ Pa 时,$\Delta d = 11.6$ mm。可以看到,由于不是直接测量预应力的大小,实际施加的预应力存在一定误差,会对实验结果产生一定影响。因此,为了获得比较理想的结果,需要尽可能制作多个样件进行筛选和比对。超材料样件在 BK-4206 型阻抗管测试系统中进行测试,样件安装在管子的最末端,采用双传声器方法进行测试,仿真结果和实验结果如图 4-23 所示。

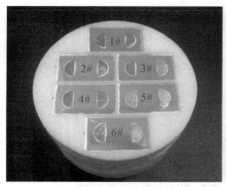
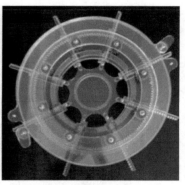

(a)　超材料样件　　　　　　　　(b)　薄膜张紧器

图 4-22　400 ~ 600 Hz 薄膜型超材料样件及薄膜张紧器

表 4.1　400 ~ 600 Hz 薄膜型超材料结构参数

元胞	1#	2#	3#	4#	5#	6#
h/mm	0.3	0.2	0.4	0.2	0.4	0.3
H/mm	38	38	40	50	50	50

　　由图 4-23 可知,实验样件在 400 ~ 600 Hz 的低频范围内具有一个连续吸声频带,最大吸声系数为 100%,平均吸声系数在 80% 左右。该吸声频带实际上是由 7 个高的吸声峰值组成,其中前 6 个峰值为每个单元的第一个峰值,第 7 个峰值为 6 个单元的第 2 个峰值的叠加,可以观察到第 7 个峰值的带宽比其他峰值要宽很多。另外,仿真结果和实验结果之间存在一些小的差异,主要是因为薄膜的预应力很难用手工进行精确控制;另一方面,铝片的加工误差和粘接用的胶水也会对吸声系数造成一定影响。

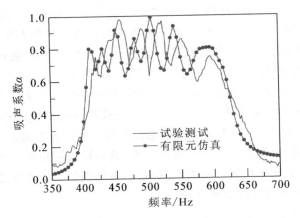

图 4 - 23　400 ～ 600 Hz 薄膜型超材料吸声系数

4.4.2　200 ～ 1000 Hz 薄膜型吸声超材料

在不考虑驻波管测试条件限制的情况下,设计方形宽带吸声超材料[14],如图 4 - 24(a) 所示,该结构由 12 个不同的元胞组成,每个元胞具有不同的铝片厚度和背腔深度,用来调节吸声峰值频率,通过多个不同的峰值组合,最终获得一个较宽的频带。实验样件框架依然由 ABS 材料 3D 打印而成,该结构的尺寸为:长 × 宽 × 高 = 140 mm × 75 mm × 100 mm,单元间壁厚为 1.5 mm,仿真结果如图 4 - 24(b) 所示。可以看到,超材料在 200 ～ 1000 Hz 范围内平均吸声系数为 80% 左右,最大吸声系数接近 100%,具有相当优异的低频宽带吸声性能。

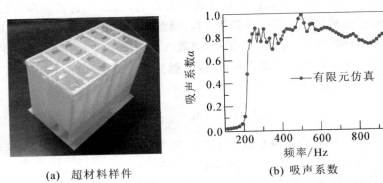

(a)　超材料样件　　　　　　(b)　吸声系数

图 4 - 24　200 ～ 1000 Hz 薄膜型超材料及其吸声系数

为了验证结构的吸声性能并分析其对前方某位置处声压的影响,设计简单的测试方案,如图 4-25(a) 所示,该方案主要测试吸声样件和绝对反射样件前方的能量变化(压力变化),并借此在一定程度上反映样件的吸声性能。首先将多个吸声样件紧密排列在一个刚性障板上,如图 4-25(b) 所示,其尺寸为 600 mm × 600 mm 左右;然后,将安装有样件的障板放在实验平台之上,同时将扬声器置于样件中心前方 1 m 处;按照 1/3 倍频程进行测试,扬声器逐渐扫频,在样件前方 0.1 m、0.15 m 和 0.2 m 处用传声器逐次记录不同频率下的声压级;然后将样件反向,声波直接入射到障板表面,此时障板可以看作绝对硬边界,发生全反射,记录下同样位置处的声压级;最后根据前后两次测量的声压级,便可以间接得到超材料样件的吸声性能。

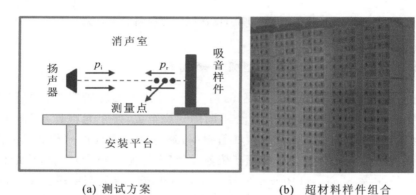

(a) 测试方案   (b) 超材料样件组合

图 4-25   200 ~ 1000 Hz 超材料测试方案和样件组合

声压级的变化与吸声系数的关系具体分析如下:

假设扬声器发出的声波在测量点处的声强为 I_0,当其入射到吸声系数为 α 的结构表面时,被吸收掉的部分声强为 αI_0,因此反射波的声强为 $(1-\alpha) I_0$,则测量点处的总声强为 $(2-\alpha) I_0$。特别地,声波入射到障板时发生全反射,吸声系数 $\alpha = 0$,则总声强为 $2I_0$。进而得到,声波入射到吸声结构和障板表面时,在测量点处的声压级变化 ΔL 为

$$\Delta L = 10 \cdot \lg \frac{2-\alpha}{2} \tag{4.35}$$

由式(4.35) 可知,当吸声系数为 100%、90%、80% 和 70% 时,其声压级变化分别为 -3 dB、-2.6 dB、-2.2 dB 和 -1.9 dB。

需要说明的是,该方案仅使用了一个声源,最终入射到结构表面的声波是球面波,而不是平面波,为了尽量减小球面波的影响,将试验样件放置在距离声

源尽可能近的位置。严格来说,该方案只是一个简单的吸声性能对比测试方案,并不能严格验证吸声系数的具体值。最终的多次测试平均结果如图4-26所示。根据测量结果得知,超材料的吸声系数可以认为维持在 70% ～ 90% 范围内。

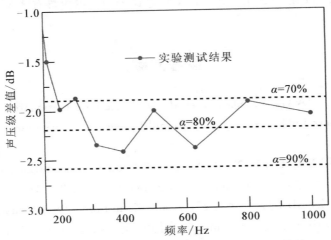

图 4 - 26　200～1000 Hz 薄膜型超材料测试结果

4.5　本章小结

　　本章提出了声学虹吸效应宽带吸声机理,在多单元并联结构中,当某一单元共振时,整个入射声能量在表面压力差的作用下会向共振单元流动,形成入射能量的集中现象,并且这种能量集中现象反过来可以增强单元的振动,降低单元的表面阻抗使其与空气介质更加匹配,因此可以在不增加单元厚度尺寸的情况下进一步提高单元的吸声效果。在此基础上,本章分析了具体结构参数对吸声性能的影响,设计了两种低频宽带吸声超材料,实现了优异的低频宽带吸声。

　　具体结论如下:

　　(1)声学虹吸效应是由结构表面阻抗不一致引起的,当声波入射到结构表面时,不同阻抗单元表面处的声压也是不一致的,阻抗与空气匹配的单元,表面声压较低,而与空气不匹配时,表面发生反射,声压增大,于是空气质点在两个单元压力差的作用下,便会流向压力较低的单元,因此形成能量集中现象。

　　(2)只有发生了声学虹吸效应中的能量集中现象,多单元结构才能全部吸收入射能量而不产生反射声波,最终取得优异的吸声表现。因此,声学虹吸效应可以看作是所有并联吸声结构实现宽带完美吸声的基础物理机理。

(3)本章设计了两种不同频段的亚波长尺度的宽带吸声材料,分别在 400 ~ 600 Hz(厚度 5 cm)和 200 ~ 1000 Hz(厚度 10 cm)范围内具有 80% 以上的吸声效果。

参考文献

[1]　MEI J, MA G, YANG M, et al. Dark acoustic metamaterials as super absorbers for low – frequency sound[J]. Nature Communications, 2012, 3: 756.

[2]　MA G, YANG M, XIAO S, et al. Acoustic metasurface with hybrid resonances[J]. Nature materials, 2014, 13(9): 873 – 878.

[3]　YANG Z, MEI J, YANG M, et al. Membrane – type acoustic metamaterial with negative dynamic mass[J]. Physical Review Letters, 2008, 101 (20): 204301.

[4]　YANG Z, DAI H M, CHAN N H, et al. Acoustic metamaterial panels for sound attenuation in the $50 \sim 1000$ Hz regime[J]. Applied Physics Letters, 2010, 96 (4): 041906.

[5]　NAIFY C J, CHANG C M, MCKNIGHT G, et al. Transmission loss and dynamic response of membrane – type locally resonant acoustic metamaterials[J]. Journal of Applied Physics, 2010, 108 (11): 114905.

[6]　ZHANG Y, WEN J, ZHAO H, et al. Sound insulation property of membrane – type acoustic metamaterials carrying different masses at adjacent cells[J]. Journal of Applied Physics, 2013, 114 (6): 063515.

[7]　CHEN Y, HUANG G, ZHOU X, et al. Analytical coupled vibroacoustic modeling of membrane – type acoustic metamaterials: Plate model [J]. The Journal of the Acoustical Society of America, 2014, 136(6): 2926 – 2934.

[8]　MA F, WU JH, HUANG M, et al. A purely flexible lightweight membrane – type acoustic metamaterial[J]. Journal of Physics D: Applied Physics, 2015, 48(17): 175105.

[9]　MA F, WU J H, HUANG M. Resonant modal group theory of mem-

brane – type acoustical metamaterials for low – frequency sound attenuation [J]. the European physical journal applied physics, 2015, 71 (3): 30504.

[10] LU K, WU J H, GUAN D, et al. A lightweight low – frequency sound insulation membrane – type acoustic metamaterial[J]. Aip Advances, 2016, 6(2): 025116.

[11] MA F, HUANG M, WU J H. Acoustic metamaterials with synergetic coupling[J]. Journal of Applied Physics, 2017, 122(21): 215102.

[12] LIU CR, WU J H, Lu K, et al. Acoustical siphon effect for reducing the thickness in membrane – type metamaterials with low – frequency broadband absorption[J]. Applied Acoustics, 2019, 148: 1 – 8.

[13] FRANK F, PAOLO G. Sound and structural vibration: radiation, transmission and response[M]. 2nd edition. Amsterdam: Academic Press, 2007.

[14] 吴晓,刘崇锐,王轲,等. 声学超结构低频宽带协同耦合高效吸声机理 [J]. 西安交通大学学报,2019,53(10):122 – 127.

第5章 基于多阶共振吸声机理的亥姆霍兹型超材料研究

亥姆霍兹共振器是 150 年前发明的经典吸声结构[1,2]，具有非常好的吸声效果；但是，其只有一个吸声峰值，即使采用多个单元实现宽带吸声，整体峰值数量和带宽依然受限；另一方面，当处理低频声波时，其结构尺寸较大，一定程度上限制了工程应用。本章从低频宽带的角度出发，提出多阶共振吸声机理，实现保证元胞结构原有峰值不变的同时，在更高频率处获得多个优异吸声峰值，从而进一步拓宽结构的吸声频带，在此基础上，结合折叠型超材料的设计思想[3~5]，进一步减小结构厚度，实现亚波长范围内的低频宽带吸声。首先，以二阶吸声元胞为例，研究多阶共振吸声内在物理机理，利用理论公式和有限元方法计算吸声系数；然后，分析结构参数对二阶共振结构吸声性能的影响，研究结构内部振动状态和等效阻抗的关系，设计二阶多元胞耦合吸声材料，实现低频宽带范围内的连续宽带吸声；最后，将二阶共振推向多阶共振，设计具有更宽频带的超材料。

5.1 亥姆霍兹共振器的多阶共振吸声机理

5.1.1 元胞结构

本节以二阶亥姆霍兹共振器（HR）吸声元胞为例，来介绍多阶共振吸声机理，元胞结构如图 5-1 所示[6]。

该元胞是典型的二阶折叠型 HR 结构，由盖板、框架和带小孔的隔板组成。由图 5-1(b)中可以看到，框架中间挡板将声波的路径延长，而隔板将声波传播路径分为两部分；去掉隔板后，就是一阶折叠型 HR 结构，继续将中间挡板去掉后，便退化为经典 HR 结构。结构的长度、宽度和高度分别为 $L = 52$ mm、$W = 23$ mm 和 $H = 17$ mm。盖板和隔板上的小孔直径分别为 $d_1 = 2.8$ mm 和 $d_2 = 1.4$ mm，盖板小孔距离框架边缘的距离为 $c = 5$ mm，隔板小孔位于其中心处，

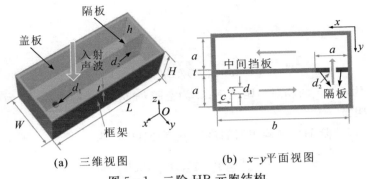

(a) 三维视图　　　　　(b) x-y平面视图

图 5 - 1　二阶 HR 元胞结构

盖板、隔板和框架的厚度均为 $t = 1$ mm。框架内部被等分为两部分，每部分尺寸分别为 $a = 10$ mm、$b = 50$ mm 和 $h = 15$ mm。声波沿 z 轴负方向垂直入射到结构表面，通过盖板小孔进入到框架内部。

5.1.2　吸声系数计算

1. 声学阻抗

根据元胞多层结构的特点，声学阻抗可由传递矩阵法求解。首先，将元胞简化为 2 层单元串联的结构，如图 5 - 2(a) 所示，每层单元由直径为 d_i 的小孔和长度为 l_i 的空腔组成，空腔截面积为 $S_c = a \times h$，结构入射面积 $S_0 = W \times L$。根据声电类比等效方法，如图 5 - 2(b) 所示，小孔等效为串联形式的阻抗 T_H，而空腔等效为均匀的传输线 T_A。

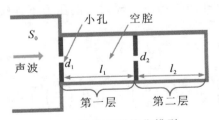
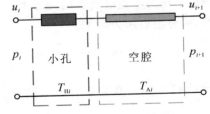

(a) 结构串联简化模型　　　　(b) 单层单元等效模型

图 5 - 2　结构分析模型

第 i 层单元表面的声压 p_i 和声速 u_i 的关系可表示为：

$$\begin{bmatrix} p_i \\ u_i \end{bmatrix} = T_{Hi} \, T_{Ai} \begin{bmatrix} p_{i+1} \\ u_{i+1} \end{bmatrix} \tag{5.1}$$

小孔和空腔的传递矩阵 T_{Hi} 和 T_{Ai} 分别为：

$$\boldsymbol{T}_{\mathrm{H}i} = \begin{bmatrix} 1 & Z_{\mathrm{H}i} \\ 0 & 1 \end{bmatrix} \tag{5.2}$$

$$\boldsymbol{T}_{\mathrm{A}i} = \begin{bmatrix} 1 & j\,Z_i^{\mathrm{e}} \tan k_i^{\mathrm{e}}\, l_i \\ (j \tan k_i^{\mathrm{e}}\, l_i)/\,Z_i^{\mathrm{e}} & 1 \end{bmatrix} \tag{5.3}$$

式中：$Z_{\mathrm{H}i}$ 为小孔 i 的相对声阻抗率；k_i^{e} 为空腔 i 的有效传播波数；Z_i^{e} 为空腔 i 的有效特征阻抗。

因此，该二阶 HR 结构表面的声压 p_1 和速度 u_1 为：

$$\begin{bmatrix} p_1 \\ u_1 \end{bmatrix} = \boldsymbol{T}_{\mathrm{H}1}\,\boldsymbol{T}_{\mathrm{A}1}\,\boldsymbol{T}_{\mathrm{H}2}\,\boldsymbol{T}_{\mathrm{A}2} \begin{bmatrix} p_{\mathrm{e}} \\ 0 \end{bmatrix} \tag{5.4}$$

式中：p_{e} 为空腔 2 底部声压（相应粒子速度为 0）。

最终，小孔 1 处的相对声阻抗率可表示为：

$$z_{\mathrm{s}} = \frac{\sigma_1}{\rho_0 c_0} \frac{p_1}{u_1} \tag{5.5}$$

式中：ρ_0 为空气的质量密度；c_0 为空气中的声速。

对于小孔来说，其声学阻抗 $Z_{\mathrm{H}i}$ 为[7]：

$$Z_{\mathrm{H}i} = \frac{\mathrm{j}\omega\rho_0 t_i}{\sigma_i} \left[1 - \frac{2\,B_1(\chi_i\,\sqrt{-\mathrm{j}})}{(\chi_i\,\sqrt{-\mathrm{j}})\,B_0(\chi_i\,\sqrt{-\mathrm{j}})} \right]^{-1} + \frac{\sqrt{2}\,\mu\chi_i}{\sigma_i\,d_i} + \frac{\mathrm{j}\omega\rho_0\Delta t}{\sigma_i} \tag{5.6}$$

式中：t_i 为小孔的深度；$\sigma_i = \pi d_i/(4\,S_i)$ 为小孔在空腔截面上的穿孔率；$\chi_i = d_i\,\sqrt{\omega\rho_0/4\mu}$ 为小孔穿孔常数；B_0 和 B_1 为第 0 阶和第 1 阶的第一类贝塞尔函数；μ 为空气动力黏度系数；Δt 为小孔末端阻抗修正。

小孔末端阻抗修正由两部分组成，即 $\Delta t = \Delta t_1 + \Delta t_2$，其中 Δt_1 是由小孔向空腔辐射时压力不连续造成的，Δt_2 是由小孔向外部波导辐射时的压力不连续造成的，可分别表示为[8~10]：

$$\Delta t_1 = 0.41 \cdot \left[1 - 1.35\frac{d_i}{d_{\mathrm{c}}} + 0.31\left(\frac{d_i}{d_{\mathrm{c}}}\right)^3 \right] \cdot d_i \tag{5.7}$$

$$\Delta t_2 = 0.41 \cdot \left[1 - 0.235\frac{d_i}{d_{\mathrm{n}}} - 1.32\left(\frac{d_i}{d_{\mathrm{n}}}\right)^2 + 1.54\left(\frac{d_i}{d_{\mathrm{n}}}\right)^3 - 1.32\left(\frac{d_i}{d_{\mathrm{n}}}\right)^4 \right] \cdot d_i \tag{5.8}$$

式中：d_{c} 为空腔的等效直径；d_{n} 为外部波导等效直径。

对于二阶 HR 结构的空腔来说，有效材料特性可以由热黏性声学理论求得，具体可由质量密度 ρ_i^{e} 和体积压缩系数 C_i^{e} 表征，分别为[11]：

$$\rho_i^{\mathrm{e}} = \rho_0 \frac{v\,a^2\,h^2}{4\mathrm{i}\omega} \left\{ \sum_{m=0}^{\infty} \sum_{n=0}^{\infty} \left[\alpha_m^2\,\beta_n^2 \left(\alpha_m^2 + \beta_n^2 + \frac{\mathrm{i}\omega}{v} \right) \right]^{-1} \right\}^{-1} \tag{5.9}$$

$$C_i^e = \frac{1}{P_0}\left\{1 - \frac{4i\omega(\gamma-1)}{\nu' a^2 h^2}\sum_{m=0}^{\infty}\sum_{n=0}^{\infty}\left[\alpha_m^2\beta_n^2\left(\alpha_m^2 + \beta_n^2 + \frac{i\omega}{\upsilon}\right)\right]^{-1}\right\} \quad (5.10)$$

式中：$\alpha_m = (m+1/2)\pi/a$、$\beta_n = (n+1/2)\pi/h$ 为中间计算系数；$\nu = \mu/\rho_0$ 为运动黏度；$\nu' = \kappa/\rho_0 C_V$ 为计算系数；κ 为热传导系数，C_V 为定容比热容；P_0 为空气压力；γ 为比热容比。

因此，空腔的有效阻抗和波数可为：

$$Z_i^e = \sqrt{\rho_i^e / C_i^e} \quad (5.11)$$

$$k_i^e = \omega\sqrt{\rho_i^e C_i^e} \quad (5.12)$$

2. 理论吸声系数计算

根据声学阻抗求解吸声系数有两种方法，分别是平均阻抗法和平面波展开法。当声波入射到结构的不均匀表面时，除了一阶反射之外，有时还存在高阶分量，进而会产生沿着结构表面或其他方向传播的倏逝波，这种波会对单元的吸声性能产生一定的影响。此时结构的近场比较复杂，而平均阻抗法无法描述其具体特性，尤其是声波进行斜入射时，平均阻抗法更加受限。需要说明的是，对于大部分结构来说，虽然平均阻抗法并不是那么严格，但仍然可以较好地预测正入射时的吸声系数，与平面波展开法无明显的差别；而当声波为斜入射时，平面波展开法是最佳的选择。

1）平均阻抗法

根据式(5.5)求得相对声阻抗率 z_s，可以求得结构的反射系数为

$$r = \frac{z_s - 1}{z_s + 1} \quad (5.13)$$

于是，吸声系数为：

$$\alpha = 1 - \left|\frac{z_s - 1}{z_s + 1}\right|^2 \quad (5.14)$$

吸声系数可进一步表示为：

$$\alpha = \frac{4x_s}{(1 + x_s)^2 + y_s^2} \quad (5.15)$$

式中：x_s 为相对声阻率；y_s 为相对声抗率。

由式(5.15)可得到实现 100% 吸声的阻抗匹配条件是：① 当相对声抗率为零时，即 $y_s = 0$，结构内部处于共振状态，此时消耗能量最多，吸声系数具有峰值；② 在此基础上，当结构相对声阻率与介质相对声阻率匹配时，即 $x_s = 1$，此时吸声峰值达到 100%。

当声波斜入射时，入射方向与材料表面法线方向的夹角为 θ，吸声系数为：

$$\alpha_\theta = \frac{4\,x_s\,\cos\theta}{(1 + x_s\,\cos\theta)^2 + y_s^2\,\cos^2\theta} \tag{5.16}$$

可以看到,入射角 θ 越大,吸声系数 α_θ 越小。

2) 平面波展开法

为了尽可能地描述吸声结构的散射声场,计算吸声系数,给出基于平面波展开法的散射声场表达公式。这里以具有开口的非均匀入射表面为例,如图5-3所示,详细阐述散射声场及吸声系数的计算方法[12~14]。

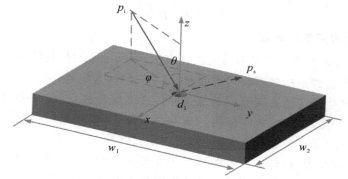

图 5-3　声波入射至非均匀表面示意图

现假设任一平面声波入射到结构表面,表面近场的声场 p 由入射声波 p_i 和散射声波 p_s 组成,其中散射声波又包括平面波和倏逝波,具体表示为:

$$p(x,\,y,\,z) = p_i(x,\,y,\,z) + p_s(x,\,y,\,z) \tag{5.17}$$

$$p_i(x,\,y,\,z) = p_{ia}\,e^{-j(k_x x + k_y y - k_z z)} \tag{5.18}$$

$$p_s(x,\,y,\,z) = \sum_{m,\,n=-\infty}^{+\infty} A_{mn}\,e^{-j(k_x^m x + k_y^n y + k_z^{m,n} z)} \tag{5.19}$$

式中: p_{ia} 为入射声压幅值; $k_x = k_0\sin\theta\cos\varphi$、$k_y = k_0\sin\theta\sin\varphi$、$k_z = k_0\cos\theta$ 分别表示声波沿 x、y、z 轴的波数分量;散射声场在 x、y 轴是周期性的,周期分别为 w_1 和 w_2,相应的波数分别为 $k_x^m = k_x + 2\pi m/w_1$、$k_y^n = k_y + 2\pi n/w_2$ 和 $k_z^{m,n} = \sqrt{k_0^2 - (k_x^m)^2 - (k_y^n)^2}$; A_{mn} 为第 $(m,\,n)$ 阶反射系数,其中 $(0,0)$ 代表镜面反射(一阶反射)。

考虑到入射面上粒子质点速度沿 z 轴应该是连续的,可以得到:

$$u_z^+(x,\,y,\,0) = u_z(x,\,y,\,0) \tag{5.20}$$

$$u_z^+(x,\,y,\,0) = -\frac{1}{j\omega\rho_0}\frac{\partial p}{\partial z} \tag{5.21}$$

$$u_z(x, y, 0) = -\frac{G(x,y)\ p(x,y,0)}{\rho_0 c_0} \tag{5.22}$$

式中:$G(x, y) = 1/z_s(x, y)$ 为表面声导纳。

联立求解式(5.20)～(5.22),得到:

$$p_i\cos(\theta) - \sum_{m,n=-\infty}^{+\infty} \frac{k_z^{m,n}}{k_0} A_{mn} e^{-jx\frac{2\pi m}{w_1}} e^{-jy\frac{2\pi n}{w_2}} = G(x,y)\Big[p_i + \sum_{m,n=-\infty}^{+\infty} A_{mn} e^{-jx\frac{2\pi m}{w_1}} e^{-jy\frac{2\pi n}{w_2}}\Big] \tag{5.23}$$

将上式乘以 $e^{jx\frac{2\pi s}{w_1}} e^{jx\frac{2\pi s}{w_2}}$($s$、$t$ 是整数),然后在入射面积上进行积分,得到:

$$\int_{-w_1/2}^{w_1/2}\int_{-w_2/2}^{-w_2/2}\Big(p_i\cos(\theta) - \sum_{m,n=-\infty}^{+\infty}\frac{k_z^{m,n}}{k_0}A_{mn}e^{-jx\frac{2\pi m}{w_1}}e^{-jy\frac{2\pi n}{w_2}}\Big)e^{jx\frac{2\pi s}{w_1}}e^{jy\frac{2\pi t}{w_2}}\,\mathrm{d}x\mathrm{d}y$$
$$= \iint_D \Big\{G(x,y)\Big[p_i + \sum_{m,n=-\infty}^{+\infty} A_{mn}e^{-jx\frac{2\pi m}{w_1}}e^{-jy\frac{2\pi n}{w_2}}\Big]\Big\}e^{jx\frac{2\pi s}{w_1}}e^{jy\frac{2\pi t}{w_2}}\,\mathrm{d}x\mathrm{d}y \tag{5.24}$$

$$D:x^2 + y^2 \leqslant (d_1/2)_2$$

基于指数函数的正交性,式(5.24)可以简化为:

$$S_0\big(p_i\delta_{(st,00)} - \frac{k_z^{s,t}}{k_0}A_{st}\big) = G_0\Big[p_iS'_{s,t} + \sum_{m,n=-\infty}^{+\infty} A_{mn}S'_{s-m,t-n}\Big] \tag{5.25}$$

式中:$S_0 = w_1 w_2$ 为入射表面面积;$\delta_{(st,00)}$ 为克罗内克函数,当$(s, t) = (0, 0)$时,$\delta_{(st,00)} = 1$,否则 $\delta_{(st,00)} = 0$;小孔内部的阻抗是一致的,因此表面导纳 $G(x, y)$ 简化为 G_0;$S'_{s,t} = \iint e^{jx\frac{2\pi s}{w_1}}e^{jx\frac{2\pi s}{w_2}}\,\mathrm{d}x\mathrm{d}y$ 是小孔部分的面积分;计算指数 m、n、s、t 应不小于一个周期内部不同单元数量的 2 倍。

通过求解式(5.25),便可以得到系数 A_{mn}。最终,结构的吸声系数为:

$$\alpha(\theta,\varphi) = 1 - \Big|\frac{A_{00}}{p_i}\Big|^2 - \frac{1}{\cos\theta}\sum_{m,n\neq 0}\Big|\frac{A_{mn}}{p_i}\Big|^2\sqrt{1 - (\sin\theta\cos\varphi + m\frac{\lambda}{w_1})^2 - (\sin\theta\sin\varphi + n\frac{\lambda}{w_2})^2} \tag{5.26}$$

式中:等式右边第二项为镜面反射系数;第三项为高阶散射系数。当 $\theta = 0°$,可得到结构沿 z 轴正入射时的吸声系数。

3. 有限元模拟计算

为了验证理论模型的正确性,利用商业有限元软件 COMSOL Multiphysics™ 5.2 进行了该结构的有限元仿真模拟。为了尽可能准确地计算结构内部狭窄区域的黏性摩擦损失和热传导损失,采用了压力声学-热声学耦合模块进行结构吸声性能分析。仿真时,为了简化模型,将折叠空腔拉直,保持每一层的截面积和深度不变,如图 5-4 所示。幅值为 1 Pa 的入射平面波沿 z 轴负方向入射到结构表面,入射面积为元胞表面面积 S_0。样件制作时,多采用 ABS 塑料或其他刚度更大的材料,由于材料本身的特征阻抗远大于空气的特征阻抗,因此仿真时,在空气和结构之间的边界上设置绝对硬边界条件,以减小计算量。入射到结构表面之前的空气设置为压力声学域,元胞结构内部的空气全部设置为热声学域。两个小孔内部的网格最大尺寸为 $d_i/6$、最小尺寸为 $d_v/2$,其中 $d_v = \sqrt{2\mu/\rho_0\omega}$ 是黏性边界层的厚度。

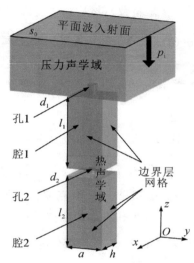

图 5 - 4　　二阶 HR 结构有限元仿真模型

4. 结构吸声系数

图 5 - 5(彩图见书后插页)显示了经典 HR 结构、一阶 HR 结构和二阶 HR 结构的吸声系数,直线代表的是理论计算结果,圆圈代表的是有限元分析结果,二者吻合良好。可以看到,在添加中间档板将空间折叠,经典 HR 结构变为一阶 HR 结构后,吸声峰值保持 100% 的同时,峰值频率从 $f_0 = 440$ Hz 移动至 $f_1 = 380$ Hz;在此基础上,一阶 HR 结构升级为二阶 HR 结构后,在 $f_1 = 380$ Hz 和 $f_2 = 970$ Hz分别得到两个几乎完美的吸声峰值,同时第一个峰值与原有一阶 HR 结构峰值具有相同的频率,保留了折叠型设计的低频吸声的优势。二阶 HR 结构的两个峰值的带宽(吸声系数大于 70%)均大于 60 Hz,为连续宽带的形成奠定了基础;该结构的总厚度为 17 mm,仅为 $f_1 = 380$ Hz 处波长的 1/60,显示出优异的亚波长尺度下低频吸声能力;同时,该结构还具有出色的结构强度,展现出较大的工程应用潜力。

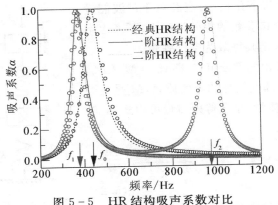

图 5-5　HR 结构吸声系数对比

5.1.3　多阶共振吸声机理分析

为了更透彻地理解结构内在的吸声机理,本小节通过峰值处两个小孔内质点速度分布来研究其振动状态,如图 5-6(彩图见书后插页)所示。由于共振的作用,小孔内的空气质点速度远大于空腔内的质点速度,表明能量主要由两个小孔进行耗散;其次,在一阶峰值处,两个小孔内空气质点进行同向振动,在二阶峰值处,两个小孔内空气质点进行反向振动,但对应小孔内空气质点的振动速度大小相同,即能量耗散功率相同,因此吸声系数保持一致。

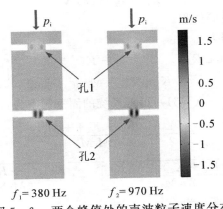

图 5-6　两个峰值处的声波粒子速度分布

小孔内空气质点的振动状态可以从振动力学的角度进行更为直观的解释。首先将系统等效为经典的二自由度质量弹簧系统,如图 5-7 所示,等效刚度、等效质量及等效阻尼分别是 K_i、M_i 和 R_i,系统所受外力为 $f = F_0 e^{j\omega t}$,质量块的位

移为 $x_i = X_i \mathrm{e}^{\mathrm{j}\omega t}$。与小孔相比,空腔对于声波能量的耗散较少,在结构参数的等效过程中,不考虑空腔的耗散作用,只把其等效为空气弹簧。

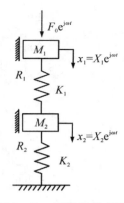

等效质量 M_i 由两部分组成,即 $M_i = M_i' + M_i''$,其中 M_i' 是小孔内部空气柱的等效质量,M_i'' 是空腔内部空气的附加质量。小孔等效质量可由式(5.6)进一步简化得到:

$$M_i' = \frac{\rho_0 t_i S_i}{\sigma_i} k_{\mathrm{m}}, \quad k_{\mathrm{m}} = 1 + \frac{1}{\sqrt{9 + \chi^2/2}} + \frac{\Delta t}{t_i} \tag{5.27}$$

图 5-7　元胞结构的等效二自由度力学模型

可以证明,当 ω 连续变化时,k_{m} 基本保持不变,因此 M_i' 可以认为与 ω 没关系,在整个频域内可以认为是一个定值。

空腔内部空气的附加质量为全部质量的 $1/3$,即:

$$M_i'' = \rho_0 V_i / 3 \tag{5.28}$$

等效阻尼 R_i 是由小孔处的黏性边界层引起的,也可以由式(5.6)简化得到:

$$R_i = \frac{32\mu t_i S_i}{\sigma_i d_i^2} k_r, \quad k_r = \sqrt{1 + \frac{x^2}{32}} + \frac{\sqrt{2}}{32} \frac{x d_i}{t_i} \tag{5.29}$$

等效刚度 K_i 为"空气弹簧"的弹性系数,可以表示为:

$$K_i = \rho_0 c_0^2 S_i^2 / V_i \tag{5.30}$$

式中: $V_i = S_i l_i$ 为空腔体积。

系统的振动方程为:

$$\begin{bmatrix} K_1 - M_1 \omega^2 + 0\mathrm{j}\omega R_1 & -K_1 \\ -K_1 & K_1 + K_2 - M_2 \omega^2 + \mathrm{j}\omega R_2 \end{bmatrix} \begin{bmatrix} X_1 \\ X_2 \end{bmatrix} = \begin{bmatrix} F \\ 0 \end{bmatrix} \tag{5.31}$$

联立方程(5.27)~(5.31),可得系统的固有频率为:

$$\begin{aligned} \omega_1^2 \\ \omega_2^2 \end{aligned} = \frac{1}{2} \frac{M_1(K_1 + K_2) + M_2 K_1}{M_1 M_2} \mp$$

$$\frac{1}{2}\sqrt{\left[\frac{M_1(K_1 + K_2) + M_2 K_1}{M_1 M_2}\right]^2 - 4\frac{K_1(K_1 + K_2) - K_1^2}{M_1 M_2}} \tag{5.32}$$

相应的系统固有振型为:

$$u_1 = \begin{bmatrix} 1 \\ \lambda_1 \end{bmatrix}, u_2 = \begin{bmatrix} 1 \\ \lambda_2 \end{bmatrix} \tag{5.33}$$

式中: $\lambda_i = 1 - \dfrac{\omega_i^2 M_1}{K_1}$ 为振型分量。

将系统的结构参数代入到方程(5.32)和(5.33),可得:

$$f_1 = 390 \text{ Hz}, \ u_1 = \begin{bmatrix} 1 \\ 0.7 \end{bmatrix}, f_2 = 965 \text{ Hz}, \ u_2 = \begin{bmatrix} 1 \\ -0.6 \end{bmatrix} \quad (5.34)$$

由结果可以看出,通过简化模型得到的两个固有频率 f_1、f_2 与结构的两个吸声峰值频率非常吻合,说明简化的模型是适用的。在一阶振型中,两个质量进行同向振动,振幅比接近于1;在二阶振型中,两个质量以几乎相同的振幅比进行反向的振动。这个分析结论与图 5-6 的结果相一致,很好地解释了结构吸声的物理机理及其振动状态。

在此基础上,进一步研究两个等效质量的变化对系统振动状态的影响。设 $M_1 = \gamma M_2$、$K_1 = K_2 = 2K_0$,其中 K_0 为单自由度系统的等效刚度,单自由度系统的等效质量设为 M_0。则系统的固有频率和固有振型的分量分别为:

$$\omega_1 = \sqrt{2\gamma + 1 - \sqrt{4\gamma^2 + 1}} \cdot \sqrt{K_0 / M_1} \quad (5.35)$$

$$\omega_2 = \sqrt{2\gamma + 1 + \sqrt{4\gamma^2 + 1}} \cdot \sqrt{K_0 / M_1} \quad (5.36)$$

$$\lambda_1 = -\gamma + \frac{1 + \sqrt{4\gamma^2 + 1}}{2} \quad (5.37)$$

$$\lambda_2 = -\gamma + \frac{1 - \sqrt{4\gamma^2 + 1}}{2} \quad (5.38)$$

其中,固有振型分量 λ_1 和 λ_2 随质量比 γ 的变化如图 5-8 所示。

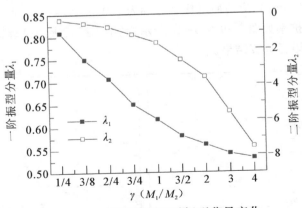

图 5-8　不同质量比时振型分量变化

当 γ 从 1 减小到 1/4 时,即 $M_1 < M_2$,系统一阶分量从 0.6 左右增加到 0.8 左右,二者的振幅比越来越小,即二者之间的相对运动在减弱,二者可以看作刚性连接。同时,系统的二阶分量从 -0.3 减小到 -1.6,说明相对于质量 1 来说,

质量 2 的运动在逐渐减弱，最后可以近似视为静止。因此，当 γ 在 $1 \sim 1/4$ 范围内取值时，可近似认为在一阶振动时，质量 1 和质量 2 在弹簧 2 的作用下进行整体振动，固有频率近似为 $\omega_1' = \sqrt{K_2/(M_1 + M_2)} = \sqrt{2K_0/(M_1 + M_2)}$，当 M_1 和 M_2 设计适当时，可以使系统的一阶固有频率小于或者等于单自由度系统的固有频率；在二阶振动时，系统的质量 1 在弹簧 1 的作用下进行振动，质量 2 近似静止，二阶固有频率近似为 $\omega_2' = \sqrt{K_1/M_1}$。

当 γ 从 1 增大到 4 时，即 $M_1 > M_2$ 时，系统一阶分量从 0.62 左右减小至 0.55 左右，此时二者也可近似看作刚性连接，只是此时的固有频率近似值与真实频率之间的误差会比 $M_1 < M_2$ 时大，但并不影响系统的机理分析。同时，系统的二阶分量从 -7.5 增加到 -1.6，说明相对于质量 2 来说，质量 1 的运动在快速减弱，可认为质量 2 在弹簧 1 和弹簧 2 的共同作用下进行振动，质量 1 近似静止，因此二阶固有频率近似为 $\omega_2' = \sqrt{(K_1 + K_2)/M_2}$。

5.2　二阶亥姆霍兹共振型超材料

5.2.1　小孔直径对吸声系数的影响

在图 5-1 的基础上，将小孔直径 d_1 分别设为 1.4 mm、2.1 mm、2.8 mm、3.5 mm 和 4.2 mm，相应的质量比 γ 分别为 1、0.58、0.41、0.32 和 0.27。吸声系数及相对声阻抗率如图 5-9 和 5-10 所示，图中直线代表的是理论计算结果，圆圈代表的是有限元计算结果。

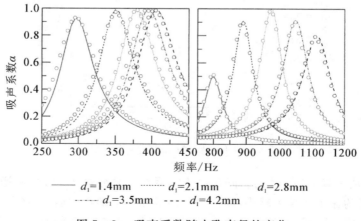

图 5-9　吸声系数随小孔直径的变化

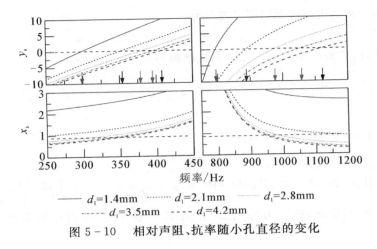

$$ d_1 = 1.4\text{mm} \qquad d_1 = 2.1\text{mm} \qquad d_1 = 2.8\text{mm} $$
$$ d_1 = 3.5\text{mm} \qquad d_1 = 4.2\text{mm} $$

图 5-10　相对声阻、抗率随小孔直径的变化

由图 5-9 可以看到，理论计算结果与仿真结果吻合良好。当小孔直径 d_1 从 1.4 mm 增大到 2.8 mm 时，结构的两个峰值都逐渐达到 100% 的吸声效果，当直径 d_1 从 2.8 mm 继续增大到 4.2 mm 时，结构的一阶峰值基本保持 100% 不变，二阶峰值从 100% 下降到了 80% 左右，这是由于孔径的变化导致了结构相对声阻、抗率的变化。从图 5-10 可以看出，在每个吸声峰值处，相对声抗率基本等于零，即 $y_s = 0$，当 d_1 从 1.4 mm 增大到 4.2 mm 时，一阶峰值对应的相对声阻率分别为 1.97、1.29、1.19、1.12 和 1.07，逐渐满足阻抗匹配条件，因此其吸声系数基本可以保持在 100%。在这个过程中，二阶峰值对应的相对声阻率分别为 3.92、1.69、1.2、0.63 和 0.5，只有在相对声阻率为 1.2 时才满足阻抗匹配条件，因此其吸声系数先增大到 100%，然后再减小。

另外，在孔径 d_1 增大的过程中，一阶峰值与二阶峰值都会向高频移动，这是因为在等效弹簧刚度不变时，等效质量在减小，因此固有频率增大，峰值向高频移动。

5.2.2　振动状态与声学阻抗的关系

为了更进一步了解吸声性能，本小节将分析空气振动状态和声学阻抗的关系。不同的振动状态会改变两个小孔内部能量的耗散状况，继而影响结构的吸声性能，因此，从振动状态的角度分析声学阻抗的变化是很有必要的。

为了更直观地分析，将结构声学阻抗表示成声阻、声容和声质量的形式。其中小孔的相对声阻抗率可以由式(5.6)简化为：

$$ z_{\text{Hi}} = r_i + \mathrm{j}\omega m_i \tag{5.39} $$

式中：r_i 为第 i 个小孔的相对声阻率；m_i 为第 i 个小孔的相对声质量率。

空腔的相对声阻抗率则可以表示为：

$$z_{ci} = -\mathrm{j}\cot(k\,l_i) \tag{5.40}$$

因此，由等效电路法可得二阶 HR 结构的相对声阻抗率：

$$z_s = r_1 + \mathrm{j}\omega m_1 - \mathrm{j}\cot(k\,l_i) + \frac{\cot^2(k\,l_i)+1}{r_2 + \mathrm{j}\omega m_2 - \mathrm{jcot}(k\,l_2) - \mathrm{jcot}(k\,l_1)}$$

$$\tag{5.41}$$

结构表面相对声阻率可表示为：

$$x_s = \mathrm{Re}(z_s) = r_1 + r_2' \tag{5.42}$$

式中：$r_2' = \beta_2$，r_2 为小孔 2 的有效相对声阻率，$\beta_2 = \dfrac{\cot^2(k\,l_i)+1}{r_2^2 + (\omega m_2 - \cot(k\,l_2) - \cot(k\,l_1))^2}$ 为声阻率 r_2 的修正系数。另外，相对声阻率 r_1 在 x_s 中所占比重设为 β_1，即 $\beta_1 = r_1/x_s$。

β_1 和 β_2 的变化趋势从表达式无法直接看出，但可以从系统振动和能量耗散的角度分析其变化趋势和规律。图 5-11 给出了结构相对声阻率 x_s、小孔相对声阻率 r_1 和 r_2，及相关系数 β_1 和 β_2 随小孔直径 d_1 在两个峰值处的变化趋势。

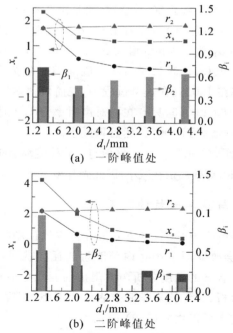

(a) 一阶峰值处

(b) 二阶峰值处

图 5-11　相对声阻率和比例系数随小孔直径的变化

由图 5-11(a) 可以看出,在一阶峰值处,随着 d_1 增大,结构的相对声阻率 x_s 由 2.3 减小至 1.1,然后保持不变,这是因为随着 d_1 增大,r_1 由 1.7 逐渐减小至 0.1,而 r_2 在保持不变的同时其修正系数 β_2 从 0.39 增加至 0.63。虽然 x_s 和 r_1 的变化趋势基本保持一致,可以看出 r_1 所占的比重 β_1 从 0.71 逐渐降至 0.05,这是因为在 d_1 增大的过程中,r_1 下降较快,而 r_2 修正系数 β_2 逐渐增加。从系统振动的角度来说,随着 d_1 增加,系统的质量比从 1 降低到 0.27,由图 5-8 可知,质量 2 相对于质量 1 的振动在增强,因此其能量耗散效率和比重也在增大,修正系数 β_2 也随着增加。在这个过程中,振动相对增大的幅度较小,因此导致 β_2 的增长幅度较低。

由图 5-11(b) 可以看出,在二阶峰值处,结构的相对声阻率也是 x_s 随着 d_1 增大而降低,同时要比 r_1 下降得更快,这是因为 β_2 也在减小。由图 5-8 也可以看到,在二阶峰值处,质量 2 相对于质量 1 的振动大幅度减弱,因此能量耗散效率降低,修正系数 β_2 也下降较快。

5.2.3　吸声峰值谱

图 5-12(彩图见书后插页) 进一步给出了孔径 d_1 和 d_2 连续变化时结构吸声峰值的一个具体表现。5-12(a) 为一阶峰值吸声系数,5-12(b) 为二阶峰值吸声系数,从图中可以清楚地观察到两个孔径对应的峰值具体大小,进而可以大大提升宽带吸声结构的设计效率。

由图 5-12(a) 可以看出,对于一阶峰值来说,最优的直径范围呈 L 形分布,当 $1\ mm < d_2 < 2\ mm$ 时,吸声系数基本不受 d_1 的影响;当 $1\ mm < d_1 < 5\ mm$ 时,其吸声系数不受 d_2 的影响。这种情况对于多峰值吸声宽带的形成非常有利,因为调整孔径大小可以调节其峰值频率,同时保证峰值吸声系数不变。当孔径 $d_1 < 1\ mm$ 或者 $d_2 < 1\ mm$ 时,由于声阻抗过大,吸声系数很低甚至为零;相反,当孔径取值分布在右上角范围时,相对声阻抗很小,吸声系数也基本为零。由图 5-12(b) 可以看到,孔径 d_2 对二阶峰值的吸声系数几乎没有影响,只改变其峰值频率,而且当 $d_1 < 1.5\ mm$ 时,峰值系数为零。特别地,当 $d_2 = 0.5\ mm$ 左右时,一阶峰值消失而二阶峰值达到 100%,这意味着二阶共振结构退化成了一阶共振结构,此时第二层可以看作绝对硬边界。

最后,在图 5-12(a) 中,用白实线标记出了两个峰值的最优取值范围,当两个孔径在其中取值时,两个峰值可以同时实现 100% 的吸声效果。在此基础上,当设计多元胞吸声结构时,结合孔径大小对结构峰值频率的影响,可以更加直观地进行多峰值之间的严格耦合,最终实现一个峰值均匀分布且几乎实现 100% 吸声的连续吸声宽带。

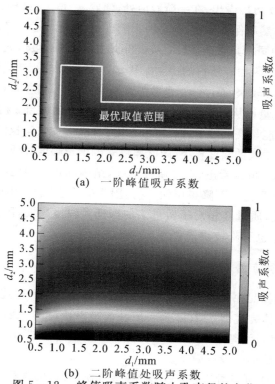

(a)　一阶峰值吸声系数

(b)　二阶峰值处吸声系数

图 5 - 12　峰值吸声系数随小孔直径的变化

5.2.4　二阶宽带吸声超材料

二阶宽带吸声超材料的结构如图 5 - 13 所示。首先，通过严格的参数设计，得到图 5 - 13(a) 中的基本吸声单元，其由 8 个严格耦合的元胞组成，1 ~ 4 号元胞为二阶共振吸声元胞，5 ~ 8 号为一阶共振吸声元胞。基本吸声单元的外形尺寸为：长度 $L_1 = 48$ mm、宽度 $W_1 = 24$ mm、高度 $H_1 = 60$ mm，每个元胞的空腔截面尺寸为：10 mm × 10 mm，元胞之间的壁厚为 2 mm，元胞具体结构参数见表 5.1。

表 5.1　二阶宽带吸声超材料结构参数

元胞	1#	2#	3#	4#	5#	6#	7#	8#
d_1/mm	2.7	2.8	3.1	3.1	1.5	1.4	1.4	1.4
d_2/mm	1.3	1.1	1.1	1	—	—	—	—
l_1/mm	60	48	45	39	41	30	25	21
l_2/mm	43	33	27	20	—	—	—	—

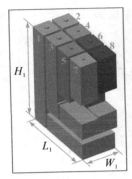

(a)　基本单元内部结构

(b)　测试样件

(c)　方形驻波管测试系统

图 5 - 13　二阶宽带吸声超材料

　　为了验证理论分析和有限元计算的结果,通过 3D 打印的方式制作测试样件,如图 5 - 13(b) 所示。该测试样件由 8 个基本单元组成,外形尺寸为:长度 $L_0 = 98$ mm、宽度 $W_0 = 98$ mm、高度 $H_0 = 62$ mm,同时其还具有较强的结构刚度和一定的承载能力。实验测试在方形阻抗管测试系统中进行,如图 5 - 13(c)所示,阻抗管内边长为 100 mm,截止频率为 1600 Hz。样件安装在阻抗管的底部,采用双传声器法进行吸声性能的测试。

　　该结构的吸声系数如图 5 - 14 所示,其在低频 450 ~ 1360 Hz 范围内具有一个连续优异的吸声频带,平均吸声系数在 95% 以上,且理论计算、有限元仿真和实验测试的结果具有较好的一致性。吸声频带由 12 个几乎完美的吸声峰值组成,前四个和后四个峰值分别是二阶共振元胞的一阶和二阶峰值,中间四个峰值来源于一阶共振元胞。可以看到,在不改变外形尺寸的条件下,该结构获得了额外的四个二阶峰值,将吸声频带从原先的 550 Hz 拓宽到 910 Hz,增长幅度为 65% 左右,这对于吸声宽带的实现具有至关重要的意义。另外,与理论计算和有限元仿真的结果相比,实验测试结果小幅度地向高频移动,这主要是由小孔尺寸普遍偏大的误差引起的。该结构以 62 mm 的厚度实现了 $450 \sim 1360$ Hz 的连续频带,具有优异的低频吸声能力。

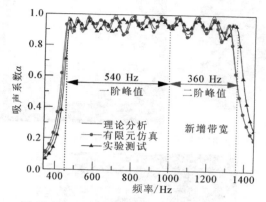

图 5-14　二阶宽带吸声超材料吸声系数

5.3　多阶亥姆霍兹共振型超材料

5.3.1　元胞结构设计

本节在图 5-1 中二阶共振结构的基础上,继续研究多阶共振结构[15,16]。如图 5-15 所示,通过在经典 HR 结构的空腔内部添加更多的隔板,增加结构的自由度,以获得更多的吸声峰值,从而将多元胞结构推向更宽的吸声频带。本节继续设计三阶和四阶元胞结构,其和一阶、二阶结构的吸声系数一块呈现在图 5-16 中,元胞结构的入射面积为 $S_0 = 40$ mm$\times 20$ mm,空腔截面积为 $S_c = 10$ mm$\times 10$ mm,空腔的总长度为 $l_0 = 100$ mm,多阶结构每一层的长度为等分的,即 $l_i = l_0 / n$,吸声面积比为 $\eta = S_c / S_0$。

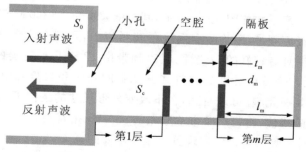

图 5-15　n 阶 HR 结构元胞结构

在图 5-16 中,四种结构的理论计算结果(直线及虚直线)和有限元仿真结果(圆圈)吻合得非常好,验证了两种方法的正确性。可以看到,在只增加隔板数量而不改变结构外形尺寸的情况下,一阶到四阶结构分别具有 1 个、2 个、3 个和 4 个几乎 100% 的吸声峰值,且所有的一阶峰值都保持不变,这对于低频吸声来说非常重要。该吸声机理在 4.2.3 节已经介绍,隔板的数量越多,振动系统的自由度越多,因此具有更多阶的共振频率和吸声峰值,在此基础上,通过结构参数优化,获得与空气匹配的声学阻抗,便可以使得吸声峰值实现 100% 吸声。图 5-17 进一步给出了结构的相对声阻抗率,以四阶结构为例,在每个峰值处($f=$ 395 Hz,1260 Hz、2040 Hz 和 2235 Hz)相对声抗率都过零点,即 $y_s=0$,相对声阻率 x_s 分别为 0.90、1.11、0.98 和 0.89,基本满足阻抗匹配条件,因此吸声系数可以达到 100% 左右。另外,相对声抗率还有 3 个零点($f=$ 780 Hz、1570 Hz 和 2125 Hz),但相应的相对声阻率非常大,在此处并没有形成吸声峰值。

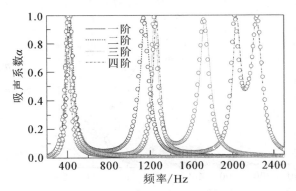

图 5-16　一阶 ～ 四阶 HR 结构元胞吸声系数

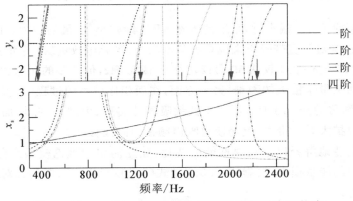

图 5-17　一阶 ～ 四阶 HR 结构元胞相对声阻抗率

5.3.2 典型结构参数对吸声性能的影响

1. 吸声面积比 η 的影响

结构吸声面积比越小，可容纳的并联元胞数量越多，因此峰值数量也越多，结构的吸声频带便越宽。但是，一味地减小吸声面积比，会对单个峰值造成一定的影响。这里以一阶结构为例，分析不同吸声面积比时峰值的变化，如图 5-18 所示，直线及虚直线代表的是理论计算结果，圆圈代表的是有限元计算结果。结构的具体参数：入射面积为 S_0、空腔截面积为 $S_c = 5 \text{ mm} \times 5 \text{ mm}$、空腔的长度为 $l_0 = 100 \text{ mm}$、吸声面积比为 $\eta = S_c/S_0$、可容纳的元胞数量近似为 $n = 1/\eta$。

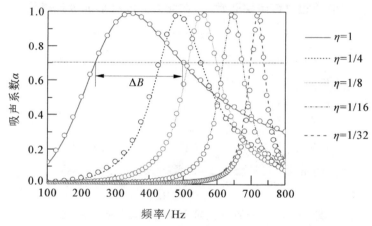

图 5-18 不同吸声面积比时元胞吸声系数

当吸声面积比 η 减小时，系统的带宽 ΔB 逐渐减小，从最初的 260 Hz 减小到 40 Hz 左右，这对于宽带吸声来说是极其不利的；当元胞数量从 8 个增加为 32 个时，其带宽 $B = n \cdot \Delta B$ 仅从 690 Hz 增加至 1280 Hz，但较多的元胞数量会给结构设计和加工带来极大的困难。另一方面，在面积比减小的过程中，吸声峰值从 320 Hz 逐渐移动到 710 Hz，不利于低频吸声的实现。因此，一味增加元胞数量并不能无限扩大系统带宽，反而使得吸声频带向高频移动。

为了定性地解释以上吸声性能的变化，建立简单的理论模型来分析，通过忽略空腔内的能量损失，根据式(5.39)和式(5.40)可以将该结构相对表面声阻抗率表示为：

$$z_s = z'_s / \eta = (r'_s + j(\omega m'_s - \cot(\frac{\omega l_0}{c_0}))) / \eta \tag{5.43}$$

式中：z'_s 为面积比 $\eta = 1$ 时的元胞表面相对声阻抗率；$r'_s = \dfrac{128\mu t}{\rho_0 \, c_0 \pi} \dfrac{S_i}{d^4} \, k_r$ 为元胞表面相对声阻率；$m'_s = \dfrac{4 \, S_i}{c_0 \pi \, d^2} \, k_m$ 为元胞表面相对声质量。

于是，吸声系数为：

$$\alpha = \frac{4 \, r'_s / \eta}{(1 + r'_s / \eta)^2 + (\omega m' - \cot(\omega l_0 / c_0))^2 / \eta^2} \tag{5.44}$$

通过余切近似，便可得到吸声系数大于 70% 时的峰值带宽和峰值频率为：

$$\Delta B = \frac{\sqrt{3/7}}{2\pi} \frac{1 + r'_s / \eta}{(m'_s + l_0 / 3 \, c_0) / \eta} \tag{5.45}$$

$$f_0 = \frac{1}{2\pi} \sqrt{\frac{1}{(m'_s + \dfrac{l_0}{3c_0})}} \tag{5.46}$$

由式（5.43）可知，当吸声面积比减小时，相对声阻率 r'_s 保持不变，整个结构的相对声阻率 $r_s = r'_s / \eta$ 逐渐增大，因此吸声系数会逐渐降低。为了使结构始终可以实现 100% 的吸声，需要增加小孔直径 d 来减小 r'_s，以保证相对声阻率 $r_s = 1$，使其满足阻抗匹配条件，这里小孔直径 d 分别设置为 0.5 mm、0.8 mm、1 mm、1.4 mm 和 2 mm。

同样，当直径 d 增大时，由于 m'_s 是与直径的二次方成反比，减小的幅度小于 r'_s，因此当相对声阻率 $r_s = r'_s / \eta$ 保持不变的时候，声质量 $m_s = m'_s / \eta$ 逐渐增大。由式（5.45）可知，分子不变而分母逐渐变大，因此峰值带宽 ΔB 逐渐减小。从式（5.46）可知，m'_s 的减小，使得共振频率 f_0 逐渐增大。

2. 空腔截面积 S_c 的影响

空腔截面积的变化也会对吸声性能造成一定影响，当面积比为 $\eta = 1/16$ 时，吸声性能随空腔截面积的变化如图 5-19 所示，直线及虚直线代表的是理论计算结果，圆圈代表的是有限元计算结果。空腔长度为 $l_0 = 100$ mm，空腔截面积 S_c 分别为 5 mm×5 mm、8 mm×8 mm、10 mm×10 mm 和 15 mm×15 mm，为了使结构始终具有 100% 的吸声效果，小孔直径 d 也同时进行调整。可以看到，随着截面积的减小，吸声带宽 ΔB 从 27 Hz 增加至 60 Hz，同时吸声峰值也明显地向高频移动。这种变化趋势同样可由式（5.45）和式（5.46）进行解释。因此，选择合适的截面积对实现优异的吸声频带来说非常重要。

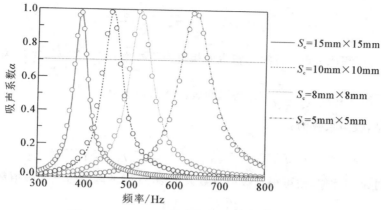

图 5 - 19　　不同空腔截面积时元胞吸声系数

3. 空腔深度 l_i 的影响

根据吸声机理的分析,结构空腔 l_0 越深,峰值频率越低。本节重点讨论在多阶元胞中,单层空腔深度 l_i 的变化对吸声性能的影响,如图 5 - 20 所示,直线及虚直线代表的是理论计算结果,圆圈代表的是有限元计算结果。这里以二阶结构为例,空腔截面积为 $S_c = 5\ mm \times 5\ mm$,空腔的长度为 $l_0 = l_1 + l_2 = 100\ mm$,吸声面积比为 $\eta = 1/16$。由图可知,随着空腔深度 l_1 的增加,一阶峰值向高频轻微地移动,而二阶峰值显著地向低频移动,同时两个峰值都可以维持 100% 的吸声效果不变。在一定程度上,可以认为一阶峰值几乎不受 l_1 的影响,而二阶峰值可以通过深度单独调节。两个峰值这种近乎独立的特性,大大降低了宽带设计的难度。

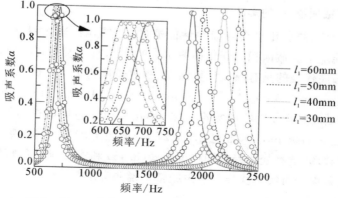

图 5 - 20　　不同空腔深度 l_1 时的二阶元胞吸声系数

5.3.3　多阶宽带吸声超材料

1. 400 ～ 2800 Hz 四阶宽带吸声超材料

宽带吸声超材料依然采用多单元耦合的方式设计,基本吸声单元共有 14 种 30 个元胞组成,如图 5-21(彩图见书后插页)(a) 所示,橘色元胞(1 和 2) 是四阶结构,绿色元胞(3、5、7、8、9、12 和 13) 是二阶结构,剩余黄色元胞(4、6、10、11、14) 为一阶结构,而且每种二阶和一阶元胞的数量都是两个。单元的基本尺寸为:长度 $L = 48$ mm、宽度 $W = 24$ mm、高度 $H = 80$ mm,四阶结构空腔截面积为 $S_c = 10$ mm×10 mm,二阶和一阶结构截面积为 $S_c = 5$ mm×5 mm。由于结构参数太多,这里只给出元胞 1 的参数为例:空腔总深度 $l_0 = 100$ mm,隔板将空腔等分为四层,每层小孔直径分别为 $d_1 = 4$ mm、$d_2 = 2$ mm、$d_3 = 2$ mm 和 $d_4 = 2.5$ mm。图 5-21(b) 所示为该材料的测试样件,由 ABS 塑料 3D 打印而成。该样件由两个基本吸声单元组成,外形尺寸分别为:长度 $L = 48$ mm、宽度 $W = 48$ mm、高度 $H = 82$ mm。该测试样件在边长为 50 mm 的方形阻抗管系统中进行测试,声波截止频率为 3200 Hz,测试结果见图 5-22(c) 所示。

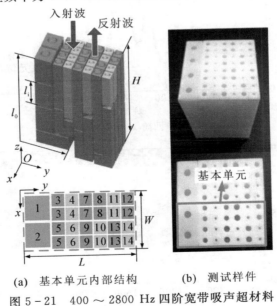

(a)　基本单元内部结构　　　(b)　测试样件

图 5-21　400 ～ 2800 Hz 四阶宽带吸声超材料

首先设计 2 种四阶元胞,共获得 8 个吸声峰值,保证元胞的一阶峰值紧密排列,如图 5-22(a) 所示;继续设计 7 种二阶吸声元胞,新增的 14 个峰值填充波谷,通过严格的参数调整,保证峰值之间紧密连续排列,且不与已经存在的峰值重合,如图 5 - 22(b) 所示;继续添加一阶吸声元胞,最后获得连续吸声频带,如图 5 - 22(c) 所示,这里依然可以添加二阶元胞,只是新增的二阶峰值会与前面

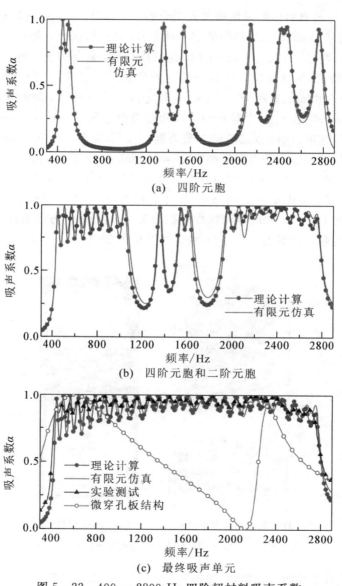

(a)　四阶元胞

(b)　四阶元胞和二阶元胞

(c)　最终吸声单元

图 5 - 22　400 ～ 2800 Hz 四阶超材料吸声系数

的频带分开,造成新的波谷出现,因此采用一阶峰值获得连续频带。该吸声单元在 400～2800 Hz 范围内获得了优异的超宽连续吸声频带,整个频带由 27 个几乎 100% 的吸声峰值组成,平均吸声系数在 90% 以上。该材料的理论分析、有限元仿真和实验测试的结果具有较好的一致性。与由一阶 HR 结构组成的宽带吸声结构相比,该材料获得更多的 13 个吸声峰值,吸声频带直接加宽了 1 倍左右。考虑到结构厚度仅有 82 mm,该材料具有出色的低频宽带吸声能力。同时,将该材料与相同厚度的微穿孔板材料进行对比,可以看到微穿孔板材料的频谱是间断的,在 1200～2200 Hz 范围内几乎失去了吸声能力。另外,该材料的孔径都在 1.5 mm 以上,避免了微穿孔板结构加工难度大、易堵塞等缺点,因此,在噪声控制工程方面具有广阔的应用前景。

2. 180～2500 Hz 七阶宽带吸声超材料

其基本吸声单元如图 5-23 所示,共由 16 个不同的元胞组成,1～7 号元胞为七阶结构,8、9 号元胞为三阶结构,10～16 号元胞为二阶结构。该基本单元外形尺寸为:长度 $L = 48$ mm、宽度 $W = 48$ mm、高度 $H = 150$ mm,每个元胞的截面尺寸为 $S_c = 10$ mm × 10 mm。吸声系数如图 5-24 所示,该结构在 180～2500 Hz 范围内具有非常好的吸声效果,平均吸声系数在 90% 以上,而且理论结果与有限元仿真结果吻合较好。

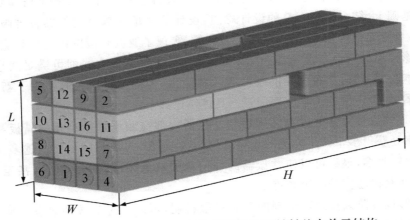

图 5-23　180～2500 Hz 七阶宽带吸声超材料基本单元结构

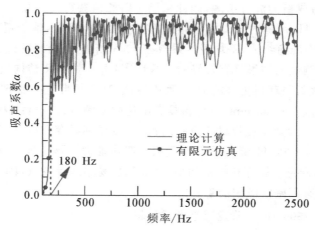

图 5 - 24　180～2500 Hz 七阶超材料吸声系数

5.4　本章小结

　　本章提出了多阶亥姆霍兹共振吸声机理,在不改变外形尺寸的情况下,保证了原有吸声峰值不变,并且在更高频率处获得了多个几乎完美的吸声峰值。在此基础上,结合空间折叠的设计思想,设计了多单元耦合的低频宽带吸声超材料,与传统材料相比,结构厚度大大降低,实现了亚波长范围内的低频宽带吸声。该种超材料小孔直径都在 1.5 mm 以上,常规加工方式即可满足要求,加工成本较低;同时具有优异的刚度和承载能力,为低频噪声控制提供了新的解决方案,具备广阔的工程应用前景。具体结论如下:

　　(1)该设计方法通过在亥姆霍兹共振器内部空腔添加带小孔的隔板,在更高频率处获得多个几乎完美的吸声峰值;空腔越深,可添加的隔板就越多,峰值数量也就越多,最终可以使共振器的峰值范围从低频覆盖到中频段,甚至高频段,继而获得超宽的吸声频带。

　　(2)该多阶共振吸声机理的能量耗散机制,可以通过等效的多自由度质量弹簧系统模型和有限元分析提取的内部质点的振动速度进行解释。此吸声机理分析了结构内部声波质点的振动状态与声学阻抗的关系,并以此为基础研究了具体结构参数对吸声性能的影响,如吸声面积比、小孔直径、空腔面积、空腔深度等。

　　(3)可采用多单元和多峰值耦合的方式实现宽带吸声,当单元数量增加时,原有单元的吸声峰值带宽会逐渐减小,但其总带宽始终是增加的,只是随着单元数量越多,其增长的幅度逐渐减小;建议单元数量取 16～20 个,数量太多会大幅度增加设计和加工的难度,而带宽增加不明显。

(4)设计了三种不同频段的具有亚波长厚度的宽带吸声材料,其在 180～2500 Hz、400～1350 Hz 和 400～2800 Hz 频率范围内均具有 90% 以上的吸声效果。

参考文献

[1] 马大猷. 亥姆霍兹共鸣器[J]. 声学技术,2002,21(1):2-3.

[2] INGARD U. On the theory and design of acoustic resonators[J]. The Journal of the acoustical society of America,1953,25(6):1037-1061.

[3] CAI X,GUO Q,HU G,et al. Ultrathin low-frequency sound absorbing panels based on coplanar spiral tubes or coplanar Helmholtz resonators[J]. Applied Physics Letters,2014,105(12):121901.

[4] LI Y,ASSOUAR B M. Acoustic metasurface-based perfect absorber with deep subwavelength thickness[J]. Applied Physics Letters,2016,108(6):063502.

[5] WANG Y,ZHAO H,YANG H,et al. A tunable sound-absorbing metamaterial based on coiled-upspace[J]. Journal of Applied Physics,2018,123(18):185109.

[6] LIU C R,WU J H,CHEN X,et al. A thin low-frequency broadband-metasurface with multi-order sound absorption[J]. Journal of Physics D:Applied Physics,2019,52(10):105302.

[7] MAA D Y. Potential of microperforated panel absorber[J]. The Journal of the Acoustical Society of America,1998,104(5):2861-2866.

[8] JIMÉNEZ N,ROMERO-GARCÍA V,PAGNEUX V,et al. Rainbow-trapping absorbers:Broadband,perfect and asymmetric sound absorption by subwavelength panels for transmission problems[J]. Scientific reports,2017,7(1):1-12.

[9] KERGOMARD J,GARCIA A. Simple discontinuities in acoustic waveguides at low frequencies:critical analysis and formulae[J]. Journal of Sound and Vibration,1987,114(3):465-479.

[10] DUBOS V,KERGOMARD J, KHETTABI A, et al. Theory of sound propagation in a duct with a branched tube using modal decomposition [J]. Acta Acustica united with Acustica, 1999, 85(2): 153 – 169.

[11] STINSON M R. The propagation of plane sound waves in narrow and wide circular tubes, and generalization to uniform tubes of arbitrary cross – sectional shape[J]. The Journal of the Acoustical Society of A-merica, 1991, 89(2): 550 – 558.

[12] WU T, Cox T J, Lam Y W. From a profiled diffuser to an optimized-absorber[J]. The Journal of the Acoustical Society of America, 2000, 108(2): 643 – 650.

[13] MECHEL F P. The wide – angle diffuser – a wide – angle absorber? [J]. Acta Acustica united with Acustica, 1995, 81(4): 379 – 401.

[14] ZHOU J, ZHANG X, FANG Y. Three – dimensional acoustic charac-teristic study of porousmetasurface[J]. Composite Structures, 2017, 176: 1005 – 1012.

[15] LIU C R, WU J H, MA F, et al. A thin multi – order Helmholtz metamaterial with perfect broadband acousticabsorption[J]. Applied Physics Express, 2019, 12(8): 084002.

[16] 吴九汇,刘崇锐,陈煦,等. 内置穿孔板式亥姆霍兹共振器及基于其的低频宽带吸声结构[P]. 中华人民共和国发明专利.

第6章 基于相对声质量调控机理的多阶微穿孔板型超材料研究

在多阶亥姆霍兹共振型超材料的研究中,已经初步实现了低频和中频段的宽带吸声,取得了较好的吸声效果。但是,整体吸声带宽难以进一步增大,这是因为虽然峰值数量可以增多,但单个峰值带宽有限且其分布较为分散,在更高频率处的峰值无法实现连续耦合排列。因此,继续研究如何增加结构单个峰值的带宽就具有十分重要的意义。

微穿孔板是马大猷院士提出的经典吸声结构,其最大的特点就是在完美吸声的同时还具有较宽的吸声频带[1~5]。因此,我们借鉴微穿孔板的宽带特性,保证元胞具有多个峰值的同时,扩大单个峰值带宽,继而拓宽多单元结构的整体吸声频带。首先,将经典的亥姆霍兹共振器结构升级为微穿孔板结构,采用理论公式和有限元分析方法计算吸声系数,研究吸声特性和宽带吸声机理;然后,分析具体结构参数的影响,如吸声面积比、小孔直径和背腔深度等,在此基础上,设计多单元并联的宽带吸声超材料;最后,将微穿孔板结构推向极致,即作为一种覆盖层材料,当其直径逐渐减小、小孔数量大幅增加时,微穿孔板最终可视为空气介质,不再具有声波调控功能,微穿孔板结构也退化为共振腔结构,通过分析其吸声特性,设计相应的宽带吸声超材料,并与微穿孔板型结构进行对比。

6.1 微穿孔板相对声质量调控宽带吸声机理

6.1.1 元胞结构

原有的亥姆霍兹共振器(HR)结构和微穿孔板(MPP)结构吸声元胞结构分别如图 6-1(a)和 6-1(b)所示[6~8]。

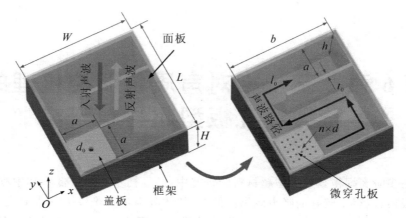

(a)亥姆霍兹共振器(HR)结构　　(b)微穿孔板(MPP)结构

图 6-1　元胞结构示意图

　　图 6-1(a)所示的 HR 结构为折叠式结构,由框架、面板和盖板组成,盖板中心处有一小孔;在此基础上,将原有盖板替换为微穿孔板,其他结构参数保持不变,HR 结构即变为图 6-1(b)中的 MPP 结构。入射声波沿 z 轴负方向入射到结构表面,经由小孔进入内部空腔。结构的外形尺寸为:长度 $L = 34$ mm、宽度 $W = 34$ mm、高度 $H = 12$ mm。盖板的尺寸为 $a \times a = 10$ mm $\times 10$ mm、小孔直径为 $d_0 = 1.5$ mm、微穿孔板的小孔参数为 $n \times d = 25 \times 0.6$ mm、相应的穿孔率为 $\sigma = 7.1\%$。盖板、微穿孔板和内部隔板的厚度均为 $t_0 = 1$ mm、框架的内部边长为 $b = 32$ mm。声波传输路径被框架的内部隔板折叠并延长,其截面尺寸为 $S_c = a \times h = 10$ mm $\times 10$ mm、路径长度为 $l_0 = 98$ mm。结构的吸声面积比为 $\eta = S_c / S_0$,其中 $S_0 = W \times L$ 是结构的入射表面面积。

6.1.2　吸声系数

1. 理论计算

　　理论吸声系数同样基于声学阻抗的平面波展开法进行计算,这里只分析结构的声学阻抗。

　　结构表面声阻抗 Z_a 由微穿孔板阻抗 Z_M 和空腔阻抗 Z_c 组成,即:

$$Z_a = Z_M + Z_c \tag{6.1}$$

　　结构表面的相对声阻抗率则可以表示为

$$z_s = \frac{S_0}{\rho_0 c_0} Z_a \tag{6.2}$$

可以看到,当声阻抗 Z_a 保持不变时,结构的相对声阻抗率与结构表面面积 S_0 成正比。

小孔的声学阻抗 Z_M 为[2]:

$$Z_M = \frac{j\omega\rho_0 t_0}{nS_h}\left[1 - \frac{2 B_1(\chi_i\sqrt{-j})}{(\chi_i\sqrt{-j}) B_0(\chi_i\sqrt{-j})}\right]^{-1} + \frac{\sqrt{2}\mu\chi_i}{nS_h d} + 0.85d \cdot \frac{j\omega\rho_0}{nS_h} \tag{6.3}$$

式中:S_h 为单个小孔的面积;$\chi_i = d_i\sqrt{\omega\rho_0/4\mu}$ 为小孔穿孔常数;B_0 和 B_1 为第 0 阶和第 1 阶的第一类贝塞尔函数;μ 为空气动力黏度系数;$0.85d$ 为小孔末端阻抗修正。

折叠式空腔的表面声阻抗 Z_c 可由下式得到:

$$Z_c \approx -j Z_0^e \cot(k_0^e l_0) / S_c \tag{6.4}$$

式中:$Z_0^e = \sqrt{\rho_0^e / C_0^e}$ 为腔内空气有效特征阻抗;$k_0^e = \sqrt{\rho_0^e C_0^e}$ 为腔内空气有效波数。

根据热黏性声学理论,质量密度 ρ_i^e 和体积压缩系数 C_i^e 可具体表示为[9]:

$$\rho_i^e = \rho_0 \frac{\nu a^2 h^2}{4i\omega}\left\{\sum_{m=0}^{\infty}\sum_{n=0}^{\infty}\left[\alpha_m^2\beta_n^2\left(\alpha_m^2 + \beta_n^2 + \frac{i\omega}{\nu}\right)\right]^{-1}\right\}^{-1} \tag{6.5}$$

$$C_i^e = \frac{1}{P_0}\left\{1 - \frac{4i\omega(\gamma-1)}{\nu' a^2 h^2}\sum_{m=0}^{\infty}\sum_{n=0}^{\infty}\left[\alpha_m^2\beta_n^2\left(\alpha_m^2 + \beta_n^2 + \frac{i\omega}{\nu}\right)\right]^{-1}\right\} \tag{6.6}$$

式中:$\alpha_m = (m+1/2)\pi/a$,$\beta_n = (n+1/2)\pi/h$ 为中间计算系数;$\nu = \mu/\rho_0$ 为运动黏度;$\nu' = \kappa/\rho_0 C_v$ 为计算系数,κ 为热传导系数,C_v 为定容比热容;P_0 为空气压力;γ 为比热容比。

2. 有限元计算

为了验证理论模型的正确性,利用商业有限元软件 COMSOL Multiphysics[TM]5.2 进行了该结构的有限元仿真模拟。基本模型设置与第 5 章基本一致,不再做重复描述,这里重点介绍本模型的特殊设置。

该微穿孔板具有多个小孔,采用热黏性模块进行仿真时,对网格要求较高,使得计算量较大,计算效率很低。特别是,计算宽带吸声结构时,模型的自由度更会成倍增加,使得整个计算过程十分庞大。COMSOL 软件在压力声学模块提供了微穿孔板声学条件,可以直接进行参数赋值计算,避免了热黏性模块的小网格和边界层网格,大大简化了计算过程,提高了计算效率。但是,微穿孔板声学条件的部分参数需要自行给定,赋值不合适时,计算结果会有较大偏差。本章的仿真思路如下:

(1) 首先采用热黏性模块计算单胞结构吸声系数;

(2) 在压力声学模块采用微穿孔板声学条件进行建模分析,计算其吸声系数;

（3）以热黏性模块计算结果为准，对微穿孔板声学条件的部分参数进行不断修正，最终使两个计算结果基本吻合，需要注意的是，当吸声频率范围变化较大时，这些参数需要随之调整；

（4）在多单元的宽带吸声结构计算时，便可以使用每个单胞结构所对应的微穿孔板声学条件模型，这样可以在保证计算结果的同时，使得计算效率大大提高。

3. 吸声系数

两种结构的元胞结构吸声系数的理论计算结果和有限元计算结果如图 6-2(a) 所示，可以看出两种结果吻合良好，验证了计算方法和结果的正确性。具体

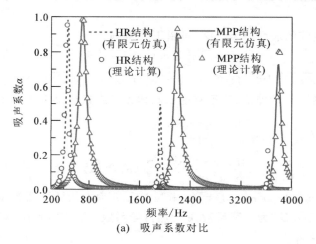

(a) 吸声系数对比

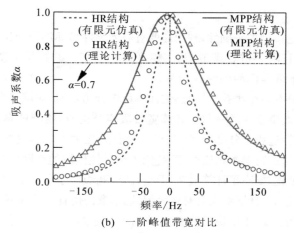

(b) 一阶峰值带宽对比

图 6-2 HR 结构和 MPP 结构吸声性能对比

地,HR 结构在 $f_1 = 450$ Hz 处具有一个低频完美吸声峰值,该结构厚度仅为相应波长的 1/62,同时高频处还存在两个高阶吸声峰值,但峰值吸声系数太低,几乎可以忽略不计。与之相比,虽然 MPP 结构的一阶吸声峰值向高频移动到 $f_2 = 695$ Hz,但是峰值带宽加宽,并且在高频处获得了两个较高的吸声峰值(吸声系数分别为 90% 和 75% 左右),可以用来实现更高频率处的吸声。因此,从宽带吸声的角度分析,MPP 结构显然具有更大的吸声优势。为了更为清晰地对比峰值带宽,将两种结构的第一阶峰值放在一起,如图 6-2(b)所示,两种结构在峰值频率处均实现了几乎 100% 的吸声,但是 MPP 结构吸声带宽为 98 Hz(吸声系数大于 0.7),是 HR 结构带宽(47 Hz)的 2 倍左右,在峰值数量相等的情况下,MPP 结构可以获得 2 倍的总吸声带宽。

6.1.3 相对声质量调控宽带吸声机理分析

为了定性地分析结构的吸声特性,HR 结构($i = 1$)和 MPP 结构($i = 2$)的相对声阻抗率可近似表示为:

$$z_{si} = x_{si} + \mathrm{j}\, y_{si} = r_{si} + \mathrm{j}(\omega m_{si} - 1/\omega c_{si}) \tag{6.7}$$

式中:$x_{si} = r_{si}$ 为相对声阻率;$y_{si} = \omega m_{si} - 1/\omega c_{si}$ 为相对声抗率;m_{si} 为相对声质量;c_{si} 为相对声容。

结构的相对声阻率 r_s 由穿孔板相对声阻率和空腔相对声阻率组成,即:

$$r_s = r_{sp} + r_{sc} \tag{6.8}$$

式中:r_{sp} 为穿孔板相对声阻率;r_{sc} 为空腔相对声阻率。

穿孔板的相对声阻率可由式(6.3)进一步化简得到:

$$r_{sp} = \frac{32\mu t_0}{\rho_0 c_0 \, p\eta \, d^2}\, k_r, \quad k_r = \sqrt{1 + \frac{\chi^2}{32}} + \frac{\sqrt{2}}{32}\frac{\chi d_i}{t_i} \tag{6.9}$$

由于式(6.4)较为复杂,空腔相对声阻率很难简化为直观的形式,在不影响特性分析的前提下,这里用空腔声阻抗的实部表示其相对声阻率,即

$$r_{cp} = \mathrm{Re}(\frac{Z_c S_c}{\rho_0 c_0}) \tag{6.10}$$

结构的相对声质量 m_s 由穿孔板相对声质量和空腔相对声质量组成,即

$$m_s = m_{sp} + m_{sc} \tag{6.11}$$

式中:m_{sp} 为穿孔板相对声质量;m_{sc} 为空腔相对声质量。

同样,穿孔板相对声质量也可由式(6.3)进一步化简得到:

$$m_{sp} = \frac{t_0}{c_0 \, p\eta}\, k_m, \quad k_m = 1 + \frac{1}{\sqrt{9 + \chi^2/2}} + 0.85\frac{d}{t_0} \tag{6.12}$$

空腔相对声质量为内部空气质量的 $1/3$：

$$m_{\mathrm{sc}} = \frac{l_0}{3\eta c_0} \tag{6.13}$$

最后，空腔的声容可表示为：

$$c_{\mathrm{s}} = \frac{c_0}{\eta l_0} \tag{6.14}$$

1. 单个峰值带宽分析

以第一个峰值为例，采用表面相对声阻抗率和复平面分析的方法研究峰值吸声系数和带宽的具体变化。图 6-3 给出了两种结构第一个峰值处的相对声阻抗率，在两个结构的峰值频率 $f_1 = 450\ \mathrm{Hz}$ 和 $f_2 = 695\ \mathrm{Hz}$，相对声抗率 y_{s1} 和 y_{s2} 都经过零点，表明两个结构都处于共振状态；相应地，相对声阻率分别为 $x_{\mathrm{s1}} = 1.01$ 和 $x_{\mathrm{s2}} = 1.03$，满足阻抗匹配条件，因此峰值可以实现几乎 100% 的吸声。由式(6.8)可知，在空腔的相对声阻率不变的情况下，为了使结构相对声阻率始终与空气介质相匹配，当小孔直径 d 减小时，穿孔率 p 应随之增大。根据式(6.11)~(6.13)，结构和穿孔板的相对声质量 m_{s} 和 m_{sp} 会随着穿孔率 p 的增大而降低，如图 6-3 所示，MPP 结构的相对声质量仅为 HR 结构 $1/2$ 左右。由于两

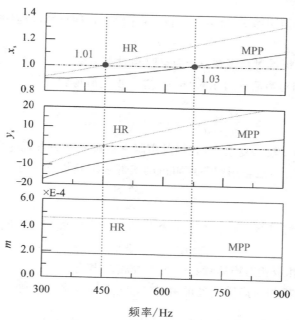

图 6-3　HR 结构和 MPP 结构一阶峰值处相对声阻、抗率

种结构具有相同的背腔,即 $c_{s1} = c_{s2}$,因此,MPP 结构的吸声峰值会向高频移动。

在图 6-3 中无法获取结构吸声带宽的信息,接下来采用具有更多结构信息的复平面分析的方法[10],如图 6-4(彩图见书后插页)所示。首先用复数波数 k' $= k_r + jk_i$ 代替原来的实数波数,其中 k_r 为本征波数、k_i 为虚数波数,然后代入式 (6.1)~(6.6)计算结构的声学阻抗,在此基础上,可以得到结构反射系数的对数 lg $|r|^2$ 关于频率的分布。在频率分布范围内,会出现一个极小值点,称为"零点",此时吸声系数为 $\alpha \approx 1$;极小值点外还存在一个极大值点,称为"极点",此时吸声系数 $\alpha \approx 0$。当系统不存在损耗时,零点和极点为共轭复数,对称分布于实轴(红色点画线)两侧。当引入损耗后,所有的零点和极点沿着纵坐标向下方移动,当零点落在实轴上时,结构完全满足阻抗匹配条件,相对声阻率和吸声系数分别为 $r_s = 1$ 和 $\alpha = 1$;零点位于实轴上方时,相对声阻率 $r_s < 1$;零点位于实轴下方时,相对声阻率 $r_s > 1$。零点和极点具有相同的频率 f_r,该频率为结构的吸声峰值频率,也就是说,零点和极点只会出现在结构的峰值频率上。零点和极点之间的距离称之为能量耗散率,耗散率越大,系统的吸声峰值越宽。

在图 6-4 中,左侧和右侧分别为 HR 结构和 MPP 结构的反射系数分布。可以看到,两种结构的零、极点对应的实轴横坐标为两种结构的峰值频率,即: $f_1 = 450$ Hz 和 $f_2 = 695$ Hz;由于两种结构的相对声阻率都几乎等于 1,因此零点中心都在实轴上,吸声系数可以达到 100% 左右;MPP 结构的零、极点距离明显大于 HR 结构,也表征了 MPP 结构的吸声带宽大于 HR 结构的吸声带宽。

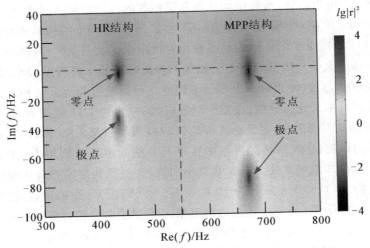

图 6-4 HR 结构和 MPP 结构反射系数复平面分析

事实上,结构带宽的变化也可以从振动系统的角度进行解释。接下来,我们借助于共振系统的质量因子 Q_m 来定性解释两种结构带宽变化的内在机理。根据共振系统的特性,其带宽和质量因子的关系可以表示为

$$\frac{\Delta B}{f_0} = \frac{1}{Q_m} \tag{6.15}$$

式中:$Q_m = \frac{\omega_0 M_m}{R_m}$ 为质量因子;M_m 为系统等效质量;R_m 为系统等效阻尼。

进一步化简后,共振系统的带宽为

$$\Delta B = \frac{1}{2\pi} \frac{R_m}{M_m} \tag{6.16}$$

相应地,HR 结构和 MPP 结构的带宽则为

$$\Delta B_1 = \frac{1}{2\pi} \frac{r_1}{m_1} \tag{6.17}$$

$$\Delta B_2 = \frac{1}{2\pi} \frac{r_2}{m_2} \tag{6.18}$$

由以上分析可知,两种结构的声阻近乎相等,即 $r_{s1} \approx r_{s2}$,相对声质量为 $m_{s1} < m_{s2}$,代入式(6.17)和式(6.18)可得:$\Delta B_1 > \Delta B_2$。

2. 相对声质量对高阶峰值的影响

两种结构的声学阻抗特性如图 6-5 所示。为了便于分析,图 6-5(a) 分别给出了 HR 和 MPP 两种结构的相对声阻率 r_s、相应盖板相对声阻率 r_{sp} 及空腔相对声阻率 r_{sc}。可以看到,两种结构具有几乎相等的一阶相对声阻率,但是 HR 结构的二阶和三阶相对声阻率分别为 4.75 和 19.55,而 MPP 结构的相对声阻率仅为 1.67 和 2.31。由于 HR 结构的高阶相对声阻率远大于空气特征阻抗,因此其高阶吸声峰值大幅度降低,而 MPP 结构的高阶峰值则下降程度较小,依然具有优异的吸声能力。这种相对声阻率的不同变化可以通过相应盖板相对声阻率和空腔相对声阻率来进行分析。在整个频带(100 ～ 4000 Hz)范围内,HR 盖板和 MPP 盖板的相对声阻率 r_{sp} 分别从 0.5、0.67 缓慢增长至 2.49 和 1.83,而由于反共振模态的影响,空腔的相对声阻率在中间某些频率处急剧增大(甚至可以视为无穷大),在其他频率处又具有非常小的值。这些反共振模态对应的频率称为反共振点($f = 1780$ Hz 和 3570 Hz),如图 6-5(b) 所示。总的来说,在反共振点附近,MPP 结构(HR 结构)的相对声阻率 r_s 主要受空腔相对声阻率 r_{sc} 的影响,在远离反共振点的位置,其主要由盖板相对声阻率 r_{sp} 决定。在图 6-5(a) 中可以看到,MPP 结构的高阶峰值频率距离反共振点较远,因此受空腔反共振模态的影响较小,相对声阻率增长缓慢。

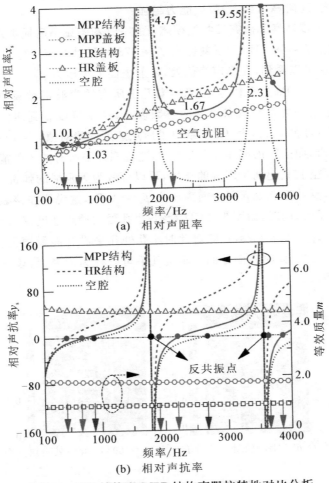

图 6-5　HR 结构和 MPP 结构声阻抗特性对比分析

　　图 6-5(b) 给出了 HR 结构、MPP 结构和空腔的相对声抗率和相对声质量的变化。由于反共振模态是空腔引起的,因此 HR 结构和 MPP 结构具有相同的反共振点,但是相对声抗率零点是受盖板相对声质量显著影响的。HR 结构、MPP 结构和空腔的相对声质量 m_s 如图中虚线所示,分别为 4.55×10^{-4}、1.65×10^{-4}、0.94×10^{-4}。可以看到,随着相对声质量 m_s 的不断增加,高阶的相对声抗率 y_s 零点向低频移动,逐渐接近反共振点,因此相应的相对声抗率受反共振模态的影响而逐渐变大。可以认为,在保持一阶相对声抗率不变的情况下,高阶吸声峰值主要受盖板相对声质量的影响,相对声质量越大,高阶峰值越小,吸声能

力越差;反之,高阶峰值越大,吸声能力越强。

为了进一步观察和研究反共振模态,图6-6(彩图见书后插页)给出了MPP结构在峰值点 $f=695$ Hz和反共振点 $f=1780$ Hz处的声压分布和声速分布。由图6-6(a)可以看到,在吸声峰值处,入射表面上声压为 $p_1=1.1$ Pa,与给定入射声压 $p_0=1$ Pa几乎相等,这意味着几乎所有的声波都被吸收而不存在反射。图中蓝色箭头为空气质点速度的对数表示,从中可以看到声波的传递方向及质点速度大小对比。图6-6(b)给出了质点速度的绝对值,小孔内部速度高达 $v_1=0.6$ m/s,而空腔内部速度几乎为0,这说明几乎所有的入射能量都被小孔耗散掉了,而空腔只起到了声容的作用,可以等效为无阻尼的弹簧。在图6-6(c)中可以看到,反共振点处入射表面声压为 $p_2=2$ Pa,这说明在该表面处几乎所有声波都被反射。同时,由图6-6(d)看到,小孔处的质点速度仅为 $v_2=5\times10^{-3}$ m/s,远小于 $v_1=0.6$ m/s,意味着此时小孔处几乎没有能量损失。根据阻抗公式 $z_s=p/v$ 可知,此时表面处的声阻抗几乎可以视为无穷大,该表面可以等效为绝对硬表面。

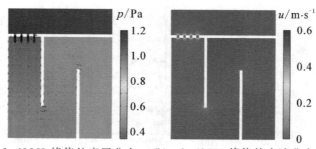

(a) $f=695$ Hz峰值处声压分布　(b) $f=695$ Hz峰值处声速分布

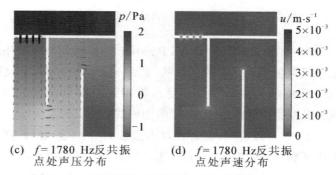

(c) $f=1780$ Hz反共振　　　(d) $f=1780$ Hz反共振
　　 点处声压分布　　　　　　　 点处声速分布

图6-6　MPP结构的声压分布和声速分布

6.2　微穿孔板型宽带吸声超材料

6.2.1　典型结构参数对吸声性能的影响

1. 吸声面积比 η 的影响

吸声面积比 η 越小,结构便可容纳更多吸声单元,因此可得到更多的吸声峰值和更宽的吸声频带。图 6-7 显示了不同吸声面积比时的吸声系数,这里吸声面积比通过增加入射面积 S_0 来改变,其他参数均保持不变。可以看到,由于吸声面积比几乎相等,因此 $\eta = 1/9$ 时的吸声系数与图 6-2 中 MPP 结构的吸声系数基本保持一致,此时一阶峰值处的相对声阻率为 $x_s \approx 1$。当面积比减小为 $\eta = 1/18$ 时,相对声阻率增大为原来的两倍,于是三个吸声峰值都有不同程度的减小。相似地,当面积比为 $\eta = 1/3$ 和 $\eta = 1$ 时,其相对声阻率分别为 $x_s = 1/3$ 和 $x_s = 1/9$,因此,一阶吸声峰值分别降低至 75% 和 35% 左右。还可以发现,二阶峰值和三阶峰值具有不一样的变化,这是因为初始的相对声阻率要大于一阶峰值处的相对声阻率,以三阶峰值为例,当面积比为 $\eta = 1/9$ 时,其相对声阻率为 $x_s = 3.1$;当面积比增大为 $\eta = 1/3$ 和 $\eta = 1$ 时,其相对声阻率分别为 $x_s = 1.03$ 和 $x_s = 0.34$。因此,在这个过程中,第三个吸声峰值首先从 73% 增大到 100%,然后再下降至 74% 左右。另外,不管吸声峰值大小怎么变化,峰值频率一直保持不变。

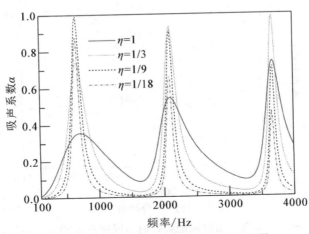

图 6-7　不同吸声面积比时的吸声系数

　　为了使一阶峰值始终获得100％的吸声系数,在面积比减小的过程中,需要同时调整相对声阻率,以满足阻抗匹配条件。图6-8给出了一阶峰值满足阻抗匹配条件时不同面积比时的吸声系数,小孔直径分别为 0.3 mm、0.4 mm、0.6 mm 和 0.7 mm。如图 6-8(a) 所示,所有一阶峰值都具有接近100％的吸声系数,同时二阶峰值和三阶峰值分别达到了90％和70％左右,为连续宽带吸声的实现奠定了基础。但是,完美吸声的代价就是峰值带宽逐渐变窄,且逐步向高频移动,这对于低频宽带吸声来说是不利的,但同时又是不可避免的。为了更清晰地展示,图 6-8(b) 单独给出了一阶峰值的变化,当吸声面积比从 $\eta = 1$ 减小

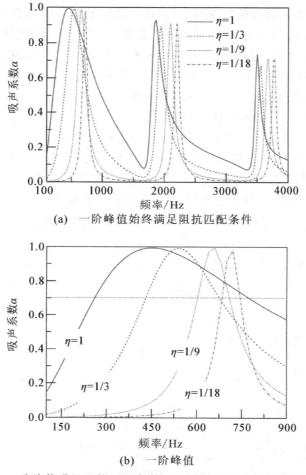

(a)　一阶峰值始终满足阻抗匹配条件

(b)　一阶峰值

图 6-8　一阶峰值满足阻抗匹配条件时不同吸声面积比对应的吸声系数

为 $\eta = 1/18$ 时,峰值带宽从 540 Hz 减小至 65 Hz,峰值频率从 460 Hz 移动至 750 Hz。为了定性分析这种变化,结构的表面相对声阻抗率可以表示为:

$$\alpha = \frac{4\,r_{\mathrm{s}}}{(1+r_{\mathrm{s}})^2 + (\omega m_{\mathrm{s}} - 1/\omega c_{\mathrm{s}})^2} \tag{6.19}$$

通过余切近似,便可得到吸声系数大于 70% 时的峰值带宽和峰值频率为:

$$\Delta B = \frac{\sqrt{3/7}}{2\pi} \frac{1+r_{\mathrm{s}}}{m_{\mathrm{sc}} + m_{\mathrm{sp}}} \tag{6.20}$$

$$f_0 = \frac{1}{2\pi} \sqrt{\frac{c_0/l_0}{(m_{\mathrm{sc}} + m_{\mathrm{sp}}) \cdot \eta}} \tag{6.21}$$

由式(6.19)可知,要始终实现一阶峰值具有 100% 吸声系数,不管吸声面积比如何变化,其相对声阻率应始终满足阻抗匹配条件,即 $r_{\mathrm{s}} = 1$。由式(6.11)~(6.13)可知,相对声质量 m_{sp} 和 m_{sc} 逐渐增大,而 $m_{\mathrm{sp}} \cdot \eta$ 和 $m_{\mathrm{sc}} \cdot \eta$ 分别减小和保持不变。于是,将此变化规律代入式(6.20)和式(6.21)便可以解释带宽和峰值频率的变化。

随着吸声面积比的减小,单个吸声峰值带宽逐渐减小,总体吸声带宽也不可能始终被显著加宽。以只考虑一阶峰值为例,图 6-9 给出了单个峰值带宽和总体带宽的具体变化,其中总体带宽为 $B = n_0 \cdot \Delta B$,n_0 为峰值(单元)的数量。当峰值数量从 $n_0 = 1$ 增加到 $n_0 = 36$ 时,总体带宽仅从 $B = 525$ Hz 增加到 $B = 1152$ Hz,其中当峰值数量 $n_0 > 9$ 时,总体带宽的增长幅度十分缓慢。可以表明,一味地增加峰值数量是不明智的,因为这仅可以在一定程度上增加峰值带宽,却同时大大增加了结构的设计和加工难度。

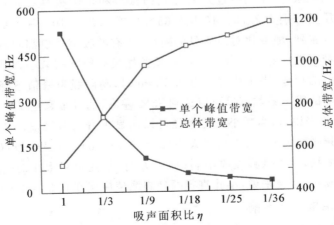

图 6-9　峰值带宽和总体带宽随吸声面积比的变化

2. 小孔直径 d 的影响

根据宽带机理分析可知,在保持一阶峰值阻抗率始终满足阻抗匹配条件的情况下,相对声质量会随着小孔直径的减小而减小,相应地峰值带宽会增加,而且高阶吸声峰值会具有更高的吸声系数。图 6 - 10 给出了结构吸声系数随小孔直径的变化,这里吸声面积比为 $\eta = 1/9$ 保持不变,小孔直径 d 分别为 1 mm、0.6 mm、0.4 mm 和 0.2 mm。

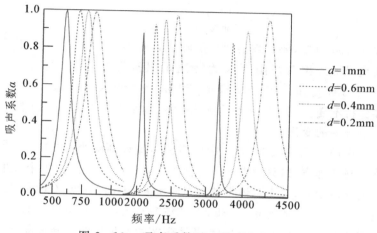

图 6 - 10　吸声系数随小孔直径的变化

为了使一阶峰值始终保持 100% 的吸声效果,小孔数量 n 也随之进行调整以满足阻抗匹配条件,小孔数量分别为 4、25、100 和 500(板厚 $t_0 = 0.4$ mm),相应的相对声质量分别为 2.75×10^{-4}、1.65×10^{-4}、1.31×10^{-4} 和 1.06×10^{-4}。由图 6 - 10 可以看到,随着相对声质量的减小,所有的吸声峰值都向高频移动,同时每个峰值带宽被加宽。特别的是,随着反共振模态影响的减小,高阶吸声峰值具有明显增高的趋势。当小孔直径为 0.2 mm 时,高阶吸声峰值下降程度减小,三阶吸声峰值的吸声系数依然可以达到 95% 左右,而且带宽是 $d = 1$ mm 时的 5 倍左右。总的来说,适当减小开孔直径可以明显提升高阶峰值的吸声系数,非常有利于宽频吸声的实现。当直径太小($d = 0.2$ mm)时,虽然带宽较宽,但是其峰值频率太高,对于低频吸收不利;另一方面,小孔直径太小时,会增加加工难度和加工成本。综合来说,小孔直径的理想取值应该在 $0.5 \sim 1$ mm 范围内。

3. 背腔深度 l_0 的影响

图 6 - 11 表示的是结构吸声系数随背腔深度的变化,背腔深度 l_0 分别为

250 mm、150 mm、100 mm 和 60 mm,吸声面积比为 $\eta = 1/9$ 保持不变。随着背腔深度的增加,所有的吸声峰值都向低频移动,同时一阶峰值始终具有 100% 的吸声系数。峰值频率的变化主要是因为背腔等效弹簧刚度逐渐变弱,而等效质量保持不变。特别的是,随着背腔深度增加,在目标频率范围内可以获得更多的高阶吸声峰值。例如,当背腔深度为 $l_0 = 250$ mm 时,在低于 4000 Hz 范围内具有 5 个高吸声峰值,而且一阶峰值频率低至 300 Hz,这对于连续宽带吸声来说非常有利。

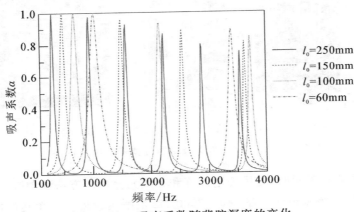

图 6 - 11 吸声系数随背腔深度的变化

6.2.2 多阶宽带吸声超材料

根据以上多阶峰值宽带吸声机理,设计了两种宽带吸声超材料,其具有结构简单、亚波长厚度、连续宽带吸声、易于加工和可承载等特点,在各种减振降噪的场合具有广阔的应用前景。

1. 380 ~ 3600 Hz 四阶宽带吸声超材料

这里采用多元胞耦合的方式设计该超材料,单元的内部结构和测试样件如图 6 - 12(彩图见书后插页)所示。在图 6 - 12(a)中,该基本单元由 12 个不同的元胞组成,其中橘色元胞(1、2)、粉色元胞(3、4)、绿色元胞(5、6)和黄色元胞(7~12)分别具有 4 个、3 个、2 个和 1 个吸声峰值。单元的基本尺寸为:长度 $L = 45$ mm、宽度 $W = 34$ mm、高度 $H = 72$ mm。微穿孔板的厚度为 $t_0 = 1$ mm,小孔的数量和直径分别为 $n = 25$ 和 $d = 0.6$ mm。每一个元胞的空腔截面尺寸为 $S_c = 10$ mm × 10 mm,元胞结构框架厚度为 $t = 1$ mm。空腔深度具有非常大的跨度,从最初 $l_1 = 200$ mm 到最终 $l_{12} = 10$ mm,进而可以实现频率上的宽带。图 6

-12(b)所示为该吸声超材料的测试样件,其中微穿孔板由微细电火花工艺进行加工,材质为不锈钢板;背腔框架采用3D打印成型,材料为ABS塑料;两者加工完成后,通过胶水进行牢固粘接。

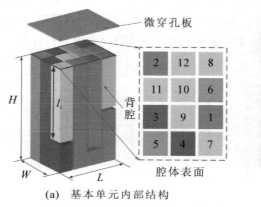

(a)　基本单元内部结构　　　　　　　　(b)　测试样件

图6-12　380~3600 Hz四阶宽带吸声超材料

在设计基本单元时,先用理论计算和有限元分析的方法预测吸声系数,如图6-13所示,该吸声样件在380~3600 Hz范围内获得了一个连续的超宽吸声频带,吸声峰值达到100%且平均吸声系数高达90%以上,而且理论计算结果和有限元分析结果具有较好的一致性。整个吸声频带由24个吸声峰值组成,其中有些峰值由于相距太近,最终汇聚成为一个较宽的峰值。与仅由一阶

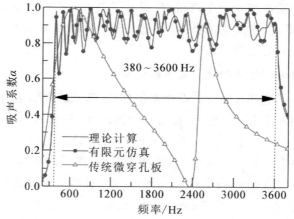

图6-13　380~3600 Hz超材料基本单元的吸声系数

峰值组成的吸声结构相比,该样件的峰值数量是其两倍,总体带宽加宽一倍左右,具备非常明显的宽带吸声优势。另外,将该结构与具有相同厚度的传统微穿孔板进行对比,发现该结构在全频段范围内具有更加优异的吸声表现,而传统结构在 1400~2400 Hz 和 3000~3600 Hz 范围内几乎不具备吸声能力。

图 6-14(彩图见书后插页)给出了吸声单元的复平面分析,所有零点紧密分布在 380~3600 Hz 范围内,继而形成了连续的吸声频带;大多数零点都分布在实轴(图中红色虚线)附近,基本满足阻抗匹配条件,因此吸声峰值都可以实现 100% 吸声;某些高阶峰值分布在实轴以下,这是因为其相对声阻率随着频率增加而增大。另外,随着频率的增加,零点与极点之间的距离逐渐增大,说明峰值带宽在逐渐增加,这与前面的分析是一致的。

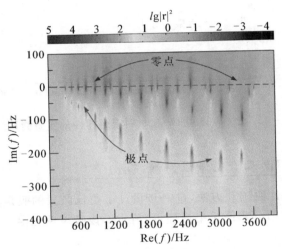

图 6-14　380~3600 Hz 超材料基本单元的复平面分析图

在此基础上,将样件在方形阻抗管系统中进行测试验证,该阻抗管的边长为 50 mm,其声波截止频率为 3200 Hz。样件安装在阻抗管的底部,采用双传声器法进行吸声性能的测试。由于阻抗管的内部尺寸(50 mm×50 mm)大于测试样件的表面尺寸(45mm×34 mm),测量得到的吸声系数并不是测试样件的真实吸声系数。因此,采用间接的测量办法:首先测量的是样件在阻抗管内部的表面相对声阻抗率;然后根据面积比,计算样件的真实相对声阻抗率;在此基础上根据平均阻抗法计算得到吸声系数。实验结果如图 6-15 所示,实验结果与有限元分析的结果吻合较好,仅存在轻微的差异,可以验证理论方法和有限元分析方法的正确性。事实上,这种差异主要是由于微穿孔板上小孔直径的加工误差引起的,这种误差对高阶峰值具有较大的影响,会造成其峰值的偏移。这种偏移会使得某些高阶峰值与其他峰值发生重合,因此可以观察到吸声频带在 2000 Hz 以上出现较为明显的波动。

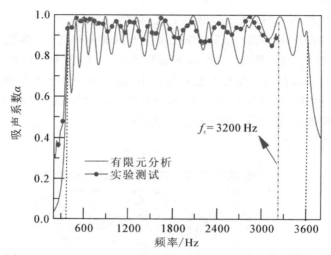

图 6-15　380~3600 Hz 超材料吸声样件的实验测试结果

2. 200~2350 Hz 五阶宽带吸声超材料

根据以上设计原理和方法,进一步设计了更低频段的吸声超材料,其基本吸声单元如图 6-16(彩图见书后插页)所示。该吸声单元由 16 个不同的元胞

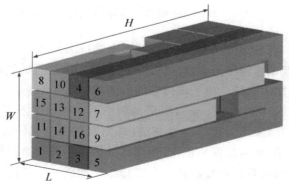

图 6-16　200~2350 Hz 五阶宽带吸声超材料

组成,其中橙色元胞(1、2)为五阶结构,每个元胞在宽带范围内具有 5 个吸声峰值;粉色元胞(3、4)为四阶结构;绿色元胞(5、6)为三阶结构;黄色元胞(7～9)为二阶结构;浅蓝色元胞(10～16)为一阶结构。需要说明的是,小孔直径设置为 $d=1$ mm,更加方便大批量加工和工程应用。基本单元的吸声系数如图 6-17 所示,该结构在 200～2350 Hz 范围内具有优异的连续宽带吸声效果,平均吸声系数在 90% 以上,同时理论结果与有限元仿真结果吻合较好。

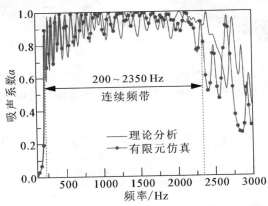

图 6-17　200～2350 Hz 五阶超材料吸声系数

6.3　共振腔型宽带吸声超材料

6.3.1　元胞结构

在微穿孔板结构中,为了满足阻抗匹配条件,随着小孔直径的减小,小孔穿孔率需要不断增加。因此,考虑极限情况,当穿孔率增大至 100% 时,微穿孔板结构退化为共振腔(FP)结构,如图 6-18 所示。在保持其他所有参数不变的情况下,分析其吸声特性,并与微穿孔板结构进行对比,相应的吸声系数见图 6-19。

如图 6-19 所示,FP 结构在目标频带范围内也具有多个吸声峰值,与 MPP 结构相比,所有的峰值都向高频移动,这主要是因为微穿孔板取消之后,在腔体声容不变的情况下,结构总相对声质量降低。同时,与 MPP 结构不同的是,FP 结构的一阶峰值降低至 55% 左右时,而高阶峰值在逐渐升高,这可以通过结构声阻抗的实际变化情况进行解释。如图 6-20 所示,FP 结构的相对声抗率零点向高频移动,而且随着频率升高,其偏离程度越大,验证了峰值频率的变化;

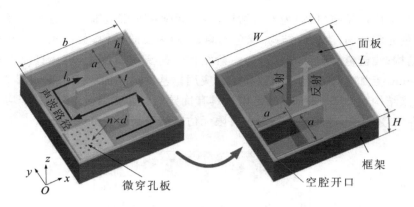

(a) 微穿孔板（MPP）结构　　　　　(b) 共振腔（FP）结构

图 6-18　MPP 结构和 FP 结构元胞示意图

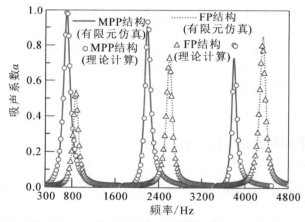

图 6-19　MPP 结构和 FP 结构相对吸声系数

在图 6-5(a)中可知，MPP 结构的相对声阻率受微穿孔板影响较大，因此去除微穿孔板之后，FP 结构一阶峰值的相对声阻率大幅度减小为 $x_s = 0.19$，与阻抗匹配条件相差较大，因此吸声系数降低；对于高阶峰值来说，相对声阻率分别为 $x_s = 0.33$ 和 $x_s = 0.42$，逐渐接近阻抗匹配条件，因此峰值逐渐升高；还可以发现，FP 结构的相对声阻率受反共振点的影响较小，可以使得高阶峰值的吸声系数变化较小，对于宽带吸声来说十分重要。另外，需要说明的是，这里 FP 结构的阻抗特性与图 6-5 中背腔的阻抗特性是不一样的，因为在 FP 结构的开口处，声波有一部分擦着四周边界和附近板面进入和流出，因而会产生能量损失，相应的声阻和声抗需要增加末端修正,而在图 6-5 中,由于在微穿孔板中加入了末端阻抗修正,因此背腔的阻抗则不需要考虑。

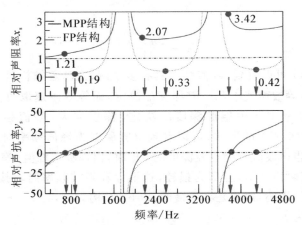

图 6-20　MPP 结构和 FP 结构相对声阻、抗率

6.3.2　吸声性能分析

FP 结构阻抗 Z_a 由空腔阻抗 Z_c 和末端修正 Z_e 组成:

$$Z_a = Z_c + Z_e \tag{6.22}$$

末端修正阻抗 Z_e 主要是由于开口处界面面积不连续而产生的末端辐射造成的,在声压的作用下,当声波粒子进入空腔内时,由于面积缩小,一部分粒子要沿着板面流动,在摩擦作用的影响下产生能量损耗;另一方面,当声波流出空腔时,会形成喷注而产生能量损失。事实上,该末端阻抗对相对声质量的影响较小,可以表示为仅为声阻的形式,即 $Z_e = X_e$。于是,FP 结构的阻抗率 z_s 便可以表示为:

$$z_s \approx x_e - j\, Z_0^e \cot(k_0^e l_0) / \rho_0 c_0 \tag{6.23}$$

式中: $x_e = \dfrac{1}{\rho_0 c_0} \dfrac{X_e}{S_c}$ 为末端修正的相对声阻率。

这里将吸声峰值分为峰值频率和吸声系数两部分进行分析。首先,根据阻抗匹配条件,在峰值频率处时,系统进行共振,其声抗应为零,即

$$-j\, Z_0^e \cot(k_0^e l_0) / \rho_0 c_0 = 0 \tag{6.24}$$

于是,可以得到

$$\cot(k_0^e l_0) = 0 \tag{6.25}$$

化简后得

$$f_0 = \frac{2n-1}{4} \frac{c_0^e}{l_0} \tag{6.26}$$

或

$$l_0 = \frac{2n-1}{4} \lambda^e \tag{6.27}$$

由式（6.24）可以看到，峰值频率具有多个解，意味着结构具有多个吸声峰值；峰值频率由等效声速 c_0^e 和空腔深度 l_0 决定，而等效声速取决于空腔的截面积，因此峰值频率主要由空腔深度 l_0 决定，深度越大，峰值频率越低。将式（6.26）写成式（6.27）的形式，可以看到空腔深度为峰值频率对应波长的 1/4 倍，也就是说，当声波波长为空腔深度的 4 倍时，出现吸声峰值。等效声速 c_0^e 为复数，其实部为实际声速值，虚部为损耗，这里计算声波频率时直接用实部即可；由于黏性阻尼的影响，声速是会变慢的。以 FP 结构为例，在 $100 \sim 5000$ Hz 范围内实际声速度为 $Re(c_0^e) = 327 \sim 331$ m/s（标准声速为 $c_0 = 343$ m/s），取声速为 $c_0^e = 330$ m/s，空腔深度 $l_0 = 96$ mm，计算出一阶峰值频率为 $f_0 = 860$ Hz，这与有限元计算结果是一致的。

峰值吸声系数的具体解析计算较为复杂，无法给出像式（6.26）那般简单直接的公式。对于具体的吸声能力，可以从宏观的物理角度入手，分析典型参数对其的影响规律。FP 结构较为简单，典型的结构参数就是边长 a 和 b（或截面积）及深度 l_0 三个参数。很显然，截面积越小、深度越大，声阻就越大，相应的吸声能力和峰值会出现先增大后减小的现象。

根据以上分析，通过调节 FP 腔结构的截面尺寸，可保持峰值频率基本不变，使其一阶峰值具有几乎 100% 的吸声效果。为了更清晰对比两种结构的吸声特性，这里保持吸声面积比不变，最终的截面尺寸为 $S_c = 2$ mm×2 mm，吸声系数如图 6-21 所示。

由图 6-21 可以看到，调整后 FP 结构的一阶峰值上升至 100% 左右，二阶峰值和三阶峰值分别为 90% 和 80% 左右，主要是因为截面积减小使其相对声阻率增加，其中一阶峰值对应相对声阻率与空气基本匹配，二阶峰值和三阶峰值对应相对声阻率逐渐增大；与原有 FP 结构相比，三个峰值频率均保持不变，也说明了该种结构峰值频率基本取决于空腔深度 l_0；另外，调整后 FP 结构具有较宽的峰值带宽，以三阶峰值为例，其带宽达到 MPP 结构的 2.5 倍左右。总的来说，虽然 FP 结构峰值具有较高的频率，但其高阶峰值具有更高的吸声系数和更宽的吸声频带，因此对于宽频吸声来说具有一定的优势。

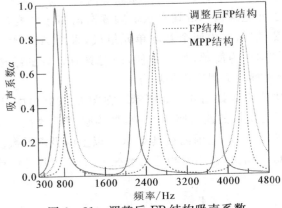

图 6 - 21　调整后 FP 结构吸声系数

6.3.3　多阶宽带吸声超材料

FP 型多阶宽带吸声超材料的基本单元结构和测试样件如图 6 - 22 所示，

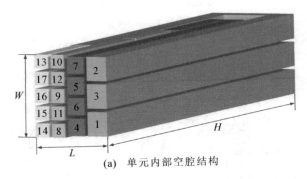

(a)　单元内部空腔结构

(b)　测试样件

图 6 - 22　FP 型多阶宽带吸声超材料

其由 17 个不同的元胞组成,每元胞在目标范围内具有多个吸声峰值,其中数字序号的顺序代表了元胞结构一阶频率从低频逐渐向高频的变化。图 6-22(b)所示为超材料的测试样件,由四个基本单元组成,采用 ABS 塑料 3D 打印加工而成。该超材料结构极为简单,加工方便,同时具有良好的结构刚度和一定的承载能力,适用于大批量工程应用的场合。

该超材料的吸声系数如图 6-23 所示。在图 6-23(a)中,该结构在 250～7000 Hz 范围内具有优异的连续吸声频带,平均吸声系数在 90％以上,同时在更高频率 7000～20000 Hz 范围内还具有 60％以上的吸声系数。与图 6-16 中的微穿孔板型超材料相比,在厚度相等的情况下,该 FP 型材料具有更高的下限

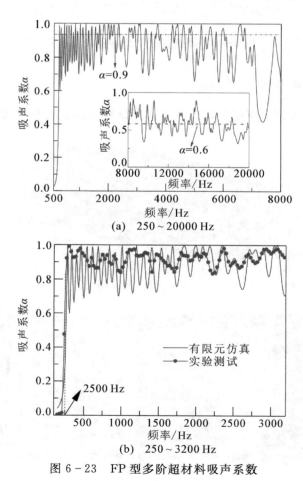

(a) 250～20000 Hz

(b) 250～3200 Hz

图 6-23 FP 型多阶超材料吸声系数

吸声频率,同时由于高阶峰值带宽逐渐加宽,因此其可以在高频范围内形成更宽的频带,上限频率大大增加。为了验证样件的实际吸声性能,将之在驻波管内进行测试,测试频率范围为 100～3200 Hz,测试结果如图 6-23(b)所示,测试结果和有限元分析结果具有较高的一致性,在一定程度上也可以间接地验证更高频率范围内的吸声性能。

6.4　本章小结

本章研究了微穿孔板型超材料中相对声质量调控的宽带吸声机理,通过调节微穿孔板的相对声质量特性,可以将微穿孔板的宽带特性和腔体的多阶共振特性进行耦合,继而获得多个优异的吸声峰值,而且每个峰值具有较宽的带宽;在此基础上,通过设计多单元耦合的吸声超材料,可以在更宽范围内获得连续的吸声频带;最终,将微穿孔板结构推向极致,使其退化为仅由腔体组成的 FP 共振腔结构,并设计相应的宽带吸声超材料。与传统材料相比,该类结构实现了深度亚波长范围内的低频宽带吸声,结构简单,加工方便且具有优异的刚度和承载能力,具备极大的工程应用潜力。具体结论如下:

(1)通过调节表面微穿孔板小孔参数,可以调整等效相对声质量,相对声质量越小,峰值带宽越宽,但同时其峰值频率会逐渐增加。

(2)该微穿孔板型超材料的多阶吸声峰值主要受到相对声质量和反共振模态的影响,相对声质量越小,峰值频率距离反共振点越远,受到的影响越小,相应地相对声阻率增加较为缓慢,仅与频率有关,因此高阶峰值可以具有较高的吸声系数。

(3)与微穿孔板结构相比,FP 共振腔结构的峰值频率向高频移动,高阶吸声峰值具有更加优异的吸声表现,更加有利于宽带吸声的实现。

(4)结合具体吸声机理,设计了三种宽带吸声超材料,两种微穿孔板型超材料在频率范围 380～3600 Hz、200～2350 Hz 内均具有 90% 以上的吸声效果;共振腔型超材料在 250～7000 Hz 和 7000～20000 Hz 范围内分别具有 90% 和 60% 的吸声系数。

参考文献

[1]　MAA D Y. Theory and design of microperforated panel sound – absorbing constructions[J]. Scientia Sinica, 1975, 18(1): 55 – 71.

[2]　MAA D Y. Potential of microperforated panel absorber[J]. the Journal of the Acoustical Society of America，1998，104(5)：2861－2866.

[3]　MAA D Y. Microperforated－panel wideband absorbers[J]. Noise control engineering journal，1987，29(3)：77－84.

[4]　马大猷. 高声强下的微穿孔板[J]. 声学学报，1996：10－14.

[5]　马大猷，刘克. 微穿孔吸声体随机入射吸声性能[J]. 声学学报，2000，25(4)：289－296.

[6]　LIU C R, WU J H, YANG Z, et al. Ultra－broadband acoustic absorption of a thinmicroperforated panel metamaterial with multi－order resonance[J]. Composite Structures，2020，246：112366.

[7]　刘崇锐，吴九汇. 微穿孔黏性超表面的低频宽带吸声机理[J]. 西安交通大学学报，2019，53(12)：80－86.

[8]　刘崇锐，吴九汇. 折叠式微穿孔板型低频宽带吸声体：2019 年全国声学大会论文集[C]. 中国声学学会，2019，2.

[9]　STINSON M R. The propagation of plane sound waves in narrow and wide circular tubes，and generalization to uniform tubes of arbitrary cross－sectional shape[J]. The Journal of the Acoustical Society of America，1991，89(2)：550－558.

[10]　ROMERO－GARCÍA V, THEOCHARIS G, RICHOUX O, et al. Use of complex frequency plane to design broadband and sub－wavelength absorbers[J]. The Journal of the Acoustical Society of America，2016，139(6)：3395－3403.

第 7 章　基于多孔材料耦合机理的全频带超材料研究

　　前面的研究工作已经实现了中、低频段范围内的宽带吸声,可满足大部分工程应用的需求。本章旨在进一步实现更高频段的吸声,继而设计覆盖低频、中频及高频段的全频带吸声超材料。

　　多孔材料是具有广泛应用的高频吸声材料,如吸音棉、泡沫金属等,其对于3000 Hz 以上的噪声具有高效的吸声能力。因此,将多孔材料与之前设计的不同种类超材料进行组合[1~3],充分发挥它们各自在高频和中、低频段的吸声能力,最终可实现全频带范围内的吸声效果。本章首先研究多孔材料本身的吸声特性,包括吸声机理、吸声系数的计算及结构参数的影响等;然后,分析多孔材料与超材料的耦合吸声机理,包括多孔材料对超材料低频吸声性能的影响,及耦合后多孔材料高频吸声性能的变化;最后,结合耦合吸声机理设计宽带吸声超材料:完美吸声超材料和全频带吸声超材料,完美吸声超材料可以在一定频带内实现连续完美吸声,而全频带超材料则可以在低频、中频和高频整个频段获得优异的吸声效果。

7.1　多孔材料吸声特性

7.1.1　多孔材料吸声机理

　　多孔材料内部含有大量的细管和缝隙,而且这些孔隙是相互贯通的,具有一定的透气性,如图 7-1 所示。当声波进入到细小的孔隙中时,缝隙壁面由于空气介质的黏滞性和热传导作用而产生能量损耗,进而实现声波吸收的效果。当多孔材料的孔隙越小、路径越长,其吸声效果越好;而当其孔隙封闭时,声波无法进入其中,多孔材料不再具有吸声能力[3]。

(a)　内部结构　　　　　　　　　(b)　玻璃纤维吸音棉

图 7-1　多孔材料

多孔材料与微穿孔板的能量耗散机理是一致的,事实上,如果这些细管和缝隙整齐地排列,则多孔材料在一定程度上可以认为是具有更小孔径的微穿孔板。由于多孔材料具有更复杂的内部结构,需要采用分布式系统模型描述其具体吸声特性,而微穿孔板的集总系统模型不再适用[4~10]。

7.1.2　多孔材料吸声系数

1. 理论计算

针对多孔材料,本章采用经典的 Johnson - Champoux - Allard 理论模型[11~13]以等效介质理论的方法研究其具体吸声特性。该模型含有 5 个等效结构参数,分别为:孔隙率 ϕ、流阻率 σ、曲折因子 α_∞、黏性特征长度 Λ 和热特征长度 Λ'。

1) 孔隙率

孔隙率 ϕ 是指多孔材料中空气所占体积 V_a 与总体积 V_t 之比,表示为:

$$\phi = V_a / V_f \tag{7.1}$$

若要使得多孔材料具有较好的吸声能力,孔隙率至少在 70% 甚至 80% 以上。

2) 流阻率

流阻率 σ 是多孔材料中最重要的一个声学参数,其对吸声性能起着至关重要的作用。流阻反映的是多孔材料对流经内部的空气产生的阻力大小,而流阻率指的是单位长度上的流阻。具体为,气流速度稳定时,平均速度为 u 的空气通过厚度为 l 的多孔材料时,在前后侧形成压力差 Δp,此时流阻率可以表示为:

$$\sigma = \frac{1}{l} \frac{\Delta p}{u} \tag{7.2}$$

3) 曲折因子

曲折因子 α_∞ 反映了多孔材料内部孔隙的弯曲程度和交错复杂程度,只与材料的骨架结构有关,与内部流动介质无关。曲折因子取值范围一般是 $1 \sim 10$,曲折因子越大,内部结构越复杂,流体介质与框架的相互作用便更充分,吸声效果越好。

4) 黏性特征长度

黏性特征长度 Λ 用来表征孔隙之间连接处对声能损耗的大小,主要表现为壁面的黏滞摩擦作用。黏性特征长度越小,黏滞作用越大,对多孔材料等效密度的影响也越为明显,具体可表示为:

$$\Lambda = \frac{1}{s} \sqrt{\frac{8\mu \alpha_\infty}{\phi \sigma}} \tag{7.3}$$

式中:μ 为空气动力黏度;s 为孔隙相关系数,取值范围为 $0.3 \sim 3.3$(其中孔隙为圆形时,$s = 1$;方形时,$s = 1.07$;三角形时,$s = 1.14$;窄缝时,$s = 0.78$)。

5) 热特征长度

热特征长度 Λ' 表征孔隙内部对声能耗散的大小,主要表现为热传导的形式。孔隙内部空间越大,热耗散作用越强烈,对等效体积模量的影响也越明显,具体表示为:

$$\Lambda' = \frac{2 V_{\mathrm{p}}}{S_{\mathrm{p}}} \approx 2\Lambda \tag{7.4}$$

式中:V_{p} 为孔隙所占体积;S_{p} 为孔隙表面积。

明确多孔材料的具体声学参数以后,根据 Johnson-Champoux-Allard 理论模型求解等效密度 ρ_{eff} 和等效体积模量 K_{eff},具体公式为:

$$\rho_{\mathrm{eff}} = \frac{\rho_0 \alpha_\infty}{\phi} \left[1 + \frac{\sigma\phi}{\mathrm{j}\omega \rho_0 \alpha_\infty} \sqrt{1 + \mathrm{j} \frac{4 \alpha_\infty^2 \mu \rho_0 \omega}{\sigma^2 \Lambda^2 \phi^2}} \right] \tag{7.5}$$

$$K_{\mathrm{eff}} = \frac{\gamma P_0}{\phi} \left\{ \gamma - (\gamma - 1) \left[1 + \frac{8\mu}{\mathrm{j}\omega \Lambda'^2 N_{\mathrm{pr}} \rho_0} \sqrt{1 + \mathrm{j} \frac{\omega \Lambda'^2 N_{\mathrm{pr}} \rho_0}{16\mu}} \right]^{-1} \right\}^{-1} \tag{7.6}$$

式中:ρ_0 为空气密度;μ 为动力黏度;P_0 为空气压力;γ 为比热容比;N_{pr} 为空气普朗特系数。

于是多孔材料内部空气的等效特征阻抗和等效波数为:

$$Z_{\mathrm{eff}} = \sqrt{\rho_{\mathrm{eff}} \cdot K_{\mathrm{eff}}} \tag{7.7}$$

$$k_{\mathrm{eff}} = \omega \sqrt{\rho_{\mathrm{eff}} / K_{\mathrm{eff}}} \tag{7.8}$$

当厚度为 l_0 的多孔材料后方为绝对硬边界时，表面阻抗率可以表示为：

$$Z(\omega) \approx -\mathrm{j}\, Z_{\mathrm{eff}} \cot(k_{\mathrm{eff}}\, l_0) \tag{7.9}$$

2. 有限元计算

这里利用商业有限元软件 COMSOL Multiphysics™ 5.2 进行该结构的有限元仿真计算，如图 7-2 所示，采用二维模型进行建模以减小计算量，选取压力声学模块中的多孔声学进行计算分析。在模型中，将多孔材料设置为多孔声学域，然后设置空气和多孔材料的特性参数；将多孔声学域两侧设置为周期性边界条件，底部设置为绝对硬边界条件。

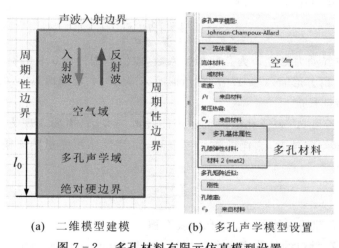

(a) 二维模型建模   (b) 多孔声学模型设置

图 7-2   多孔材料有限元仿真模型设置

3. 实验测试

本次吸声系数实验测试选择 BK4206 型圆形阻抗管，其内径为 30 mm，测试频率范围为 50 ~ 6400 Hz。

4. 吸声系数

以某型吸音棉为例，其基本参数为：孔隙率 $\phi = 0.95$、流阻率 $\sigma = 10980$ Pa·s/m²、曲折因子 $\alpha_\infty = 1.07$、黏性特征长度 $\Lambda = 127.3\ \mu m$、热特征长度 $\Lambda' = 254.7\ \mu m$。如图 7-3(a) 所示，测试样件的直径为 30 mm、厚度为 20 mm，其吸声系数的理论计算、有限元分析和实验测试结果如图 7-3(b) 所示，实验测试结果与理论计算结果和有限元仿真结果具有较好的一致性，验证了理论方法和有限元计算方法的正确性。图中理论计算结果与有限元仿真结果吻合较好，而实验测试结果则存在一些偏差,这主要是因为声学参数测量时存在一些不可避免的误差,因此只能大致确定基本参数。

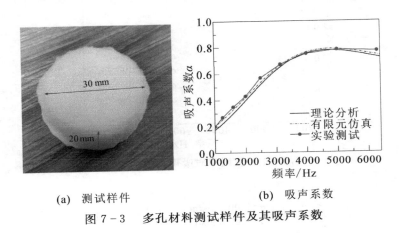

(a)　测试样件　　　　　　　　(b)　吸声系数

图 7 - 3　多孔材料测试样件及其吸声系数

7.1.3　典型参数对吸声特性的影响

这里以吸音棉的基本参数为基础,分析单一参数对吸声特性的影响。首先,流阻率对吸声系数的影响如图 7 - 4 所示,当流阻率从 5000 Pa · s/m² 增加到 40000 Pa · s/m² 时,吸声系数峰值从 60% 增加到 100%;峰值频率维持在4000 Hz左右,受流阻率的影响较小;在高于峰值频率的范围内,多孔材料具有较宽的吸声频带,明显不同于之前章节研究的共振式吸声结构。多孔材料这种典型的吸声特性可以通过相对声阻、抗率来进行解释,如图 7 - 5 所示。首先,在峰值频率4000 Hz 附近,随着流阻率的增加,相对声阻率从 0.2 增长到 1.05 左右,在相对声抗率基本等于零的情况下,吸声峰值因此从 60% 左右增加到 100%;在低于峰值频率范围内,相对声抗率的变化占据主导作用,随着其逐渐减小,吸声系数具有较快的增长趋势;而当频率高于峰值频率时,相对声阻率有一个明显增大的峰值,因此吸声系数会出现一个低谷;当流阻率为 40000 Pa · s/m² 时,相对声抗率和相对声阻率都维持在阻抗匹配条件附近,因此多孔材料在整个高频段都具有十分优异的吸声效果。

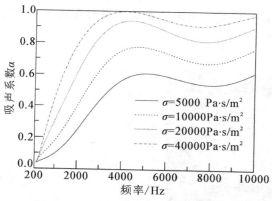

图 7-4　流阻率对吸声系数的影响

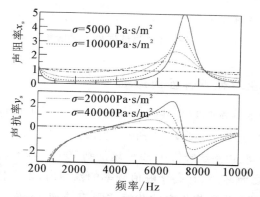

图 7-5　流阻率对相对声阻、抗率的影响

　　如图 7-6 所示,厚度对于多孔材料的吸声能力的影响是十分明显的,随着厚度的增加,其吸声系数显著增加且峰值频率逐渐向低频移动,当厚度为 40 mm 时,多孔材料的峰值频率为 2000 Hz 左右,在此峰值频率以上的高频范围内,平均吸声系数为 90% 左右。图 7-7 所示为孔隙率对吸声系数的影响,可以看到,其对于低频段的吸声系数影响不大,而对于高于峰值频率的范围具有较大影响,孔隙率越小,吸声系数下降越快,即吸声系数波动程度更为剧烈;另一方面,材料的吸声峰值频率和峰值大小不受孔隙率的影响。图 7-8 所示为曲折因子对吸声系数的影响,随着曲折因子的增大,材料的吸声系数增加越快,峰值频率向低频移动;另一方面,较大的曲折因子会使得高频处吸声系数的波动程度变得更加剧烈;同样,曲折因子的变化并不会影响吸声峰值的大小。

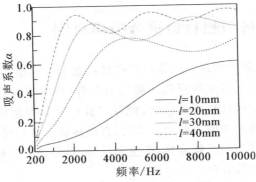

图 7-6　厚度对吸声系数的影响

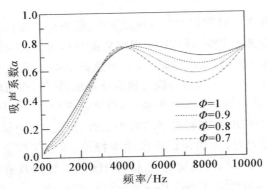

图 7-7　孔隙率对吸声系数的影响

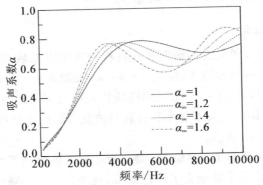

图 7-8　曲折因子对吸声系数的影响

7.2　多孔材料与超材料耦合吸声机理

本节采取的全频带吸声方案是将多孔材料置于声学超材料的表面,作为一种覆盖层材料起作用。当低频声波入射至表面时,声波可以透过多孔材料进入超材料内部,进而由超材料将其吸收,此时多孔材料会对超材料的吸声性能产生一定影响;而当高频声波入射至表面时,直接被多孔材料吸收,此时超材料没有吸声效果,可以视为绝对硬边界,产生全反射。最终整个结构通过两种材料的耦合,可以实现全频带吸声。

7.2.1　多孔材料参数确定

声学超材料基本可以实现 4000 Hz 以下中、低频段的吸声,因此将多孔材料的吸声范围可以定义为 4000 Hz 以上。根据之前分析可知,多孔材料吸声峰值频率基本由材料厚度 l 决定,在此基础上,吸声系数主要受流阻率 σ 的影响。由图 7-6 可知,厚度为 $l = 20$ mm 时,可满足该设计要求;另外,当流阻率为 40000 Pa·s/m² 时,峰值才可以达到 100% 吸声系数;当流阻率为 20000 Pa·s/m² 时,在高频范围内也可以实现 90% 左右的平均吸声系数。因此,当超材料在 4000 Hz 以上频段没有吸声能力时,为确保该频段吸声特性,流阻率应设置为 40000 Pa·s/m² 或 20000 Pa·s/m²;而超材料在 4000 Hz 以上频段具有一定的吸声能力时,流阻率可以适当降低至 10000 Pa·s/m² 或 5000 Pa·s/m²。

7.2.2　多孔材料对低频吸声的影响

1. 单个吸声单元

这里以单个 HR 单元为例研究多孔材料对其吸声系数的具体影响。HR 单元表面覆盖的多孔材料参数为:厚度 $l = 5$ mm、孔隙率 $\phi = 0.95$、曲折因子 $\alpha_{\infty} = 1.07$、流阻率 $\sigma = 10000$ Pa·s/m²、黏性特征长度 $\Lambda = 127.3$ μm、热特征长度 $\Lambda' = 254.7$ μm。HR 单元及添加多孔材料后的复合结构的吸声系数和阻抗率分别如图 7-9 和 7-10 所示。

1♯HR 单元在频率 $f = 415$ Hz 处具有 100% 的吸声系数;覆盖多孔材料后,复合结构的峰值频率移动至 $f = 405$ Hz,且吸声系数下降至 93% 左右,这种吸声特性的变化可以通过图 7-10 所示的声阻、抗率进行解释。多孔材料具有一定的相对声质量,使得复合结构总相对声质量增加,因此相对声抗率曲线向上移动,零点和峰值则向低频移动;多孔材料对于进入到 1♯HR 单元内部的声波

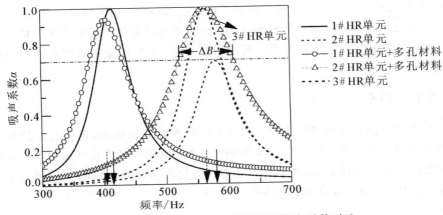

图 7 - 9　HR 单元及复合结构的吸声系数对比

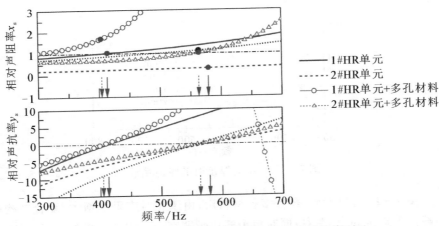

图 7 - 10　HR 单元及复合结构的相对声阻抗率对比

具有一定的耗散作用,使得结构的整体声阻率增加,由之前的 $x_s = 1$ 增大为 $x_s = 1.6$ 左右,因此吸声系数从 100% 下降至 93%。为了使得复合结构具有 100% 的吸声系数,通过增加 1#HR 单元的小孔直径得到具有较小声阻的 2#HR 单元,此时相对声质量减小,最终 2#HR 单元在频率为 $f = 580$ Hz 处获得 70% 的吸声系数,相对声阻率为 $x_s = 0.3$ 左右。当添加多孔材料后,复合结构的相对声阻率增加至 $x_s = 1$ 左右,吸声系数达到 100%。还可以观察到,在吸声系数增加的同时,复合结构的带宽也显著增大。为了研究多孔材料对带宽的具体影响,设计了 3#HR 单元进行对比,如图 7 - 9 所示,2#HR 单元复合结构与

3#HR 单元具有相同的峰值频率和吸声系数，但是带宽 $\Delta B = 90$ Hz 比 3#HR 单元带宽 $\Delta B = 55$ Hz 增加了 60% 以上，这是因为具有相同相对声阻率的情况下，2#HR 单元复合结构具有更小的相对声质量，结构带宽随着相对声质量的减小而增加。

2. 多单元耦合

这里分析多孔材料对多个单元耦合时的吸声特性的影响，依然首先使共振器单元实现 100% 的吸声。图 7-11 和图 7-12 分别显示了多孔材料厚度和流阻率对吸声系数的具体影响，多孔材料基本参数与之前保持一致，其中 $l = 0$ mm 和 $\sigma = 0$ Pa·s/m² 指的是不含多孔材料。

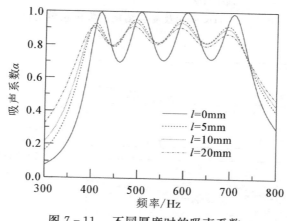

图 7-11　不同厚度时的吸声系数

由图 7-11 可以看到，覆盖多孔材料后，由于相对声阻率增大，复合结构的吸声峰值下降至 90% 左右；同时单个峰值带宽在一定程度上增加，使得吸声谷值升高，整个吸声频带较之前变得更为平缓。还可以发现，多孔材料厚度从 $l = 5$ mm 增大至 $l = 20$ mm 时，其对整体吸声系数的影响没有明显变化，说明此时吸声特性主要受其他因素影响。在图 7-12 中，添加多孔材料后，吸声频带也具有更平缓的趋势。与之前不同的是，随着流阻率的增加，频带整体向下移动，对吸声特性的影响越来越大。

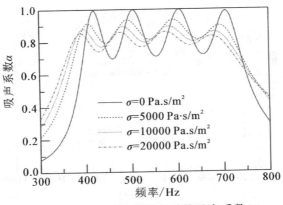

图 7-12　不同流阻率时的吸声系数

　　同样,为了使复合结构实现 100% 的吸声,将原有 HR 单元的相对声阻率减小,如图 7-13 所示,使其吸声系数降低至 70% 左右。在添加了多孔材料以后,整个吸声频带峰值被提升至 100%,同时由于带宽增加,频带波谷也保持在 90% 以上,实现了非常好的吸声效果。如图 7-14 所示,在多孔材料厚度为 $l = 20\ mm$ 的基础上,将峰值间距进一步缩小,最终获得了近乎平直完美的吸声频带,最小吸声系数都在 95% 以上。

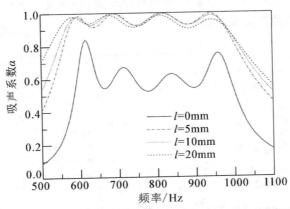

图 7-13　多单元结构中多孔材料不同厚度时的吸声系数

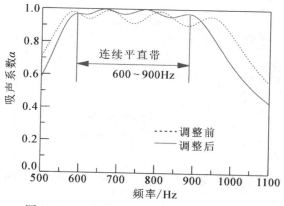

图 7 - 14　　多单元结构优化后的吸声系数

7.2.3　多孔材料对高频吸声的影响

　　多孔材料对多单元共振器结构的高频吸声特性的影响如图 7 - 15 所示。可以看到，多单元共振器结构在高频范围内，只具有几个零散的高阶吸声峰值，且峰值较低，几乎可以认为没有吸声能力。在添加多孔材料以后，整个频段的吸声系数提升至 80% 左右，与单独的多孔材料高频特性基本保持一致。这主要是因为，该频段内共振器结构可以被视为绝对硬界面，将声波全部反射，因此可以完全保留多孔材料的高频吸声性能。

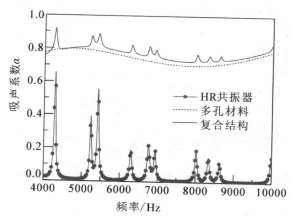

图 7 - 15　　三种材料高频段吸声系数对比

7.3　宽带吸声超材料

7.3.1　完美吸声超材料

1. HR 型复合结构

　　HR 型宽频完美吸声超材料的单元结构如图 7 - 16 所示，其由 9 个不同的元胞组成，1♯ 元胞为二阶结构，其他元胞为一阶结构，单元基本尺寸为：长度 $L = 34 \text{ mm}$、宽度 $W = 34 \text{ mm}$、高度 $H = 95 \text{ mm}$。覆盖的多孔材料参数为：厚度 $l = 10 \text{ mm}$、孔隙率 $\phi = 0.95$、曲折因子 $\alpha_\infty = 1.07$、流阻率 $\sigma = 10000 \text{ Pa} \cdot \text{s/m}^2$、黏性特征长度 $\Lambda = 127.3 \text{ } \mu\text{m}$、热特征长度 $\Lambda' = 254.7 \text{ } \mu\text{m}$。结构的吸声系数如图 7 - 17 所示，共振器和多孔材料组成的复合结构在 $400 \sim 1100 \text{ Hz}$ 范围内具有一个完美的连续吸声频带，最低吸声系数在 95% 以上。整个吸声频带由 10 个吸声峰值组成，频带内第一个和最后一个峰值分别为 1♯ 元胞的一阶和二阶峰值。可以看到，虽然 10 mm 厚的多孔材料在此频段内几乎不具有吸声能力，但其对于共振器吸声性能的影响是非常明显的，通过二者的耦合作用，可以将共振器结构的吸声系数从 70% 左右直接提升至 100%，形成连续的完美吸声频带。

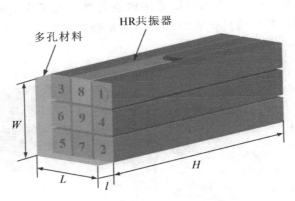

图 7 - 16　HR 型复合结构基本单元

2. FP 型复合结构

FP 型复合结构的基本单元如图 7 - 18 所示，FP 共振腔由 9 个不同元胞组

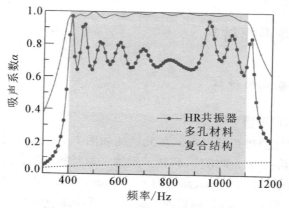

图 7 - 17　HR 型复合结构吸声系数

成,基本尺寸为:长度 $L = 40$ mm、宽度 $W = 40$ mm、高度 $H = 125$ mm。多孔材料的参数为:厚度 $l = 5$ mm、孔隙率 $\phi = 0.95$、曲折因子 $\alpha_\infty = 1.07$、流阻率 $\sigma = 20000$ Pa·s/m²、黏性特征长度 $\Lambda = 90.1$ μm 和热特征长度 $\Lambda' = 180.2$ μm。复合结构的吸声系数如图 7-19 所示,其在 $450 \sim 1600$ Hz 范围内具有一个完美的连续吸声频带。与 HR 型结构对比可知,FP 共振腔单个峰值带宽较宽,元胞数量相同的情况下,可形成更宽的吸声频带,但同时由于相对声质量的减小,相同频率下厚度也要增加。事实上,该结构在高频段也具有非常出色的吸声表现,如图 7 - 20 所示,其在 $2000 \sim 4000$ Hz 范围内也几乎形成了完美吸声频带,而在 $4000 \sim 10000$ Hz 频带内具有平均 80% 左右的吸声系数。

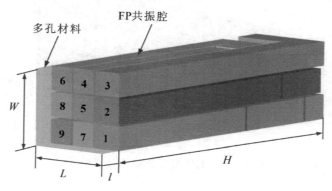

图 7 - 18　FP 型复合结构基本单元

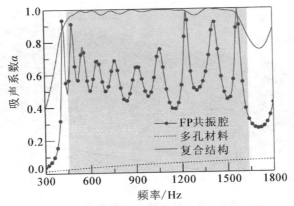

图 7-19　FP 型复合结构低频段吸声系数

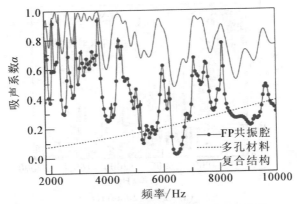

图 7-20　FP 型复合结构高频段吸声系数

7.3.2　全频带吸声超材料

为了进一步满足工程应用,设计全频带吸声超材料。与完美吸声超材料相比,在全频带超材料的设计过程中,为了使高频段获得连续的优异吸声频带,需要将多孔材料的吸声效果进一步加强,而这样会对低频带吸声造成一定影响。因此,这里在低频段需要做出一定调整,不再严格追求完美吸声。最终,通过调整设计后,可以在 200 ～ 20000 Hz 范围内获得具有优异吸声表现的全频带超材料。

1. HR 型复合结构

该复合结构由多阶 HR 型超材料和多孔材料组成,基本单元和吸声系数分别如图 7-21 和图 7-22 所示。HR 型超材料是在 5.3.3 节中七阶超材料的基础

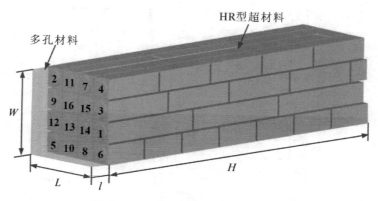

图 7 - 21　HR 型全频带复合结构

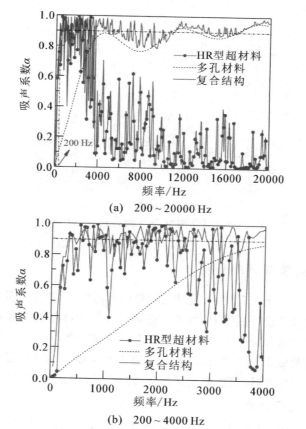

(a)　200 ~ 20000 Hz

(b)　200 ~ 4000 Hz

图 7 - 22　HR 型全频带复合结构吸声系数

上通过调整每个元胞的小孔直径得到的,为了使复合结构获得满意的吸声效果,HR 型超材料的声阻抗应小于空气阻抗,实现欠阻尼吸声,以保证添加多孔材料后可以较好地满足阻抗匹配条件。表面多孔材料的参数为:厚度 $l = 20$ mm、孔隙率 $\phi = 0.95$、曲折因子 $\alpha_\infty = 1.07$、流阻率 $\sigma = 15000$ Pa $\cdot$ s/m^2、黏性特征长度 $\Lambda = 103.9$ μm、热特征长度 $\Lambda' = 207.9$ μm。

由图 7-22(a)可以看到,该复合结构在 $200 \sim 20000$ Hz 范围内具有优异的吸声表现,平均吸声系数为 90% 以上,其中 HR 型超材料的连续吸声频段主要集中在 4000 Hz 以下频段内,而多孔材料在 4000 Hz 以上的高频段可实现连续的高效吸声。还可以观察到,HR 型结构在高频段还具有多个零散的更高阶的吸声峰值,在一定程度上可以将原有多孔材料的吸声系数提高。图 7-22(b)进一步显示了低频段的吸声性能,HR 型结构在 $200 \sim 4000$ Hz 范围内具有连续的吸声宽带,平均吸声系数为 80% 左右,平均阻抗小于空气阻抗;添加多孔材料后,平均吸声系数提升至 90%,但部分吸声峰值有所减小,这是因为多孔材料附加声阻较大,导致复合结构的声阻抗大于空气阻抗,此时为过阻尼吸声。

2. MPP 型复合结构

该复合结构由多阶 MPP 型超材料和多孔材料组成,其基本单元和吸声系数分别如图 7-23 和图 7-24 所示。MPP 型超材料是以 6.2.2 节中五阶超材料为基础,通过调整微穿孔板参数和空腔深度得到的,为了使复合结构获得满意的吸声效果,MPP 型超材料的阻抗也是小于空腔阻抗的。表面多孔材料的参数为:厚度 $l = 20$ mm、孔隙率 $\phi = 0.95$、曲折因子 $\alpha_\infty = 1.07$、流阻率 $\sigma = 15000$ Pa $\cdot$ s/m^2、黏性特征长度 $\Lambda = 103.9$ μm、热特征长度 $\Lambda' = 207.9$ μm。

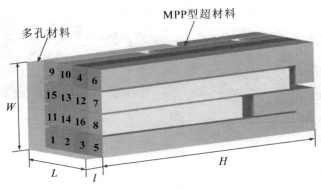

图 7-23　MPP 型全频带复合结构

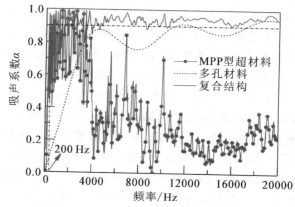

图 7 - 24　MPP 型全频带复合结构吸声系数

由图 7-24 可以看到,MPP 型复合结构在 200 ~ 20000 Hz 范围内实现了连续优异的吸声效果,平均吸声系数为 95% 左右,其中 MPP 型超材料的连续吸声频段主要集中在 200 ~ 4000 Hz 频段内,而多孔材料在 4000 Hz 以上的高频段可实现连续的高效吸声。添加多孔材料后,由于声阻抗的增加,低频段的吸声系数只有稍许下降;在高频段,MPP 结构的高阶吸声峰值一定程度上提高了多孔材料的吸声系数。

3. FP 型复合结构

该复合结构由 FP 型超材料和多孔材料组成,其基本单元和吸声系数分别如图 7-25 和图 7-26 所示。FP 型超材料是以 6.3.3 节中超材料为基础,通过调

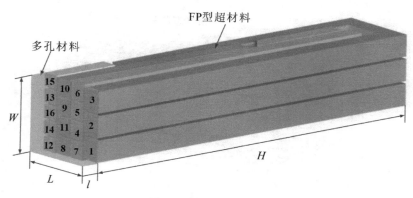

图 7 - 25　FP 型全频带复合结构

整共振腔的截面积和深度得到的,为了使复合结构获得满意的吸声效果,FP 型超材料的阻抗也是尽可能小于空腔阻抗。表面多孔材料的参数为:厚度 $l = 10\ mm$、孔隙率 $\phi = 0.95$、曲折因子 $\alpha_\infty = 1.07$、流阻率 $\sigma = 20000\ Pa \cdot s/m^2$、黏性特征长度 $\Lambda = 90.1\ \mu m$、热特征长度 $\Lambda' = 180.2\ \mu m$。

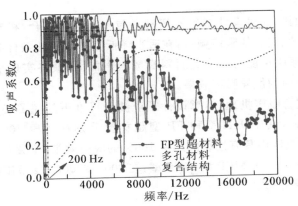

图 7 - 26　FP 型全频带复合结构吸声系数

由图 7-26 可以看到,FP 型复合结构在 $200 \sim 20000\ Hz$ 范围内同样获得了优异的吸声效果,平均吸声系数为 90% 以上,其中 FP 型超材料的连续吸声频段主要集中在 $200 \sim 6000\ Hz$ 频段内,而多孔材料在 $6000\ Hz$ 以上的高频段可实现连续的高效吸声。可以看到,FP 型超材料在 $6000\ Hz$ 以上的高频段具有一定的吸声效果,因此可以一定程度上增强多孔材料本身的吸声能力。

7.4　本章小结

本章研究了多孔材料和超材料的耦合吸声机理,通过将两者的阻抗进行耦合,不但实现了 100% 的完美吸声效果,还可以增加单个峰值的带宽;在此基础上,通过多个单元的耦合设计,就可以在一定频段内全部实现完美吸声;另外,在适当降低完美吸声的基础上,可以充分发挥超材料的低频吸声特性和多孔材料的高频吸声特性,最终得到全频带吸声超材料,理论上其在整个频带范围都可以具有优异的吸声表现。具体结论如下:

(1)多孔材料本身的吸声峰值频率与厚度相关,而峰值大小主要决定于流阻率,二者是影响吸声性能的主要因素,其余参数如孔隙率、曲折因子、黏性特征长度和热特征长度对其影响较小。

（2）多孔材料在低频段具有一定声阻作用，与超材料结构耦合时，使结构声阻增加；而其附带相对声质量较小，对复合结构的峰值频率影响不大；为了使复合结构满足阻抗匹配条件获得完美吸声，超材料结构声阻必须小于介质阻抗，如此也会使得结构的相对声质量减小，最终导致结构的品质因子增加，因此结构的带宽会增大。

（3）在低频段，通过设计多单元超材料与多孔材料耦合，将峰值紧密排列，便可以获得连续、完美的吸声频带；在适当降低完美吸声的条件时，可以充分发挥超材料的低频吸声能力和多孔材料高频吸声能力，最终实现全频带范围（低频、中频、高频）内的优异吸声效果。

（4）结合耦合吸声机理，本章设计了亚波长尺度下的完美吸声超材料和全频带吸声超材料，其中 HR 型和 FP 型超材料分别在频段 400～1100 Hz 和 450～1600 Hz 范围内具有连续的几乎 100% 的吸声效果；全频带吸声超材料共有三种，分别是 HR 型、MPP 型和 FP 型，在 200～20000 Hz 范围内均具有 90% 以上的平均吸声系数。

参考文献

[1] YANG M, CHEN S, FU C, et al. Optimal sound – absorbingstructures [J]. Materials Horizons, 2017, 4(4): 673 – 680.

[2] MA G, SHENG P. Acoustic metamaterials: From local resonances to broadhorizons[J]. Science Advances, 2016, 2(2): e1501595.

[3] 马大猷. 现代声学理论基础[M]. 北京: 科学出版社, 2004.

[4] WU J H, HU Z P, ZHOU H. Sound absorbing property of porous metal materials with high temperature and high sound pressure by turbulenceanalogy[J]. Journal of Applied Physics, 2013, 113(19): 194905.

[5] WANG X, LI Y, CHEN T, et al. Research on the sound absorption characteristics of porous metal materials at high sound pressurelevels [J]. Advances in Mechanical Engineering, 2015, 7(5): 1 – 7.

[6] MENG H, AO Q B, REN S W, et al. Anisotropic acoustical properties of sintered fibrous metals[J]. Composites Science and Technology, 2015, 107: 10 – 17.

[7] 张波, 陈天宁. 烧结金属纤维材料的吸声模型研究[J]. 西安交通大学学报, 2008, 42(3): 328 – 332.

[8] 张波,陈天宁,冯凯,等. 烧结金属纤维多孔材料的高温吸声性能[J]. 西安交通大学学报,2008,42(11):1327 – 1331.

[9] 周汉,吴九汇,胡志平. 高温高声压下多孔金属材料吸声特性研究[J]. 力学学报,2013,45(02):229 – 235.

[10] 孙富贵,陈花玲,吴九汇. 高温条件下纤维型多孔金属材料声振耦合的研究[J]. 应用力学学报,2010,27(02):326 – 332＋442.

[11] CHAMPOUX Y, ALLARD J F. Dynamic tortuosity and bulk modulus in air - saturated porous media[J]. Journal of applied physics, 1991, 70(4): 1975 – 1979.

[12] ALLARD J F,CHAMPOUX Y. New empirical equations for sound propagation in rigid frame fibrous materials[J]. The Journal of the Acoustical Society of America, 1992, 91(6): 3346 – 3353.

[13] LAFARGE D,LEMARINIER P, ALLARD J F, et al. Dynamic compressibility of air in porous structures at audible frequencies[J]. The Journal of the Acoustical Society of America, 1997, 102 (4): 1995 –2006.

第 8 章 吸声超材料典型工程应用

声学超材料具有自然界物质所不具备的奇异特性,可以对声波进行灵活调控,进而实现吸声、隔声、声聚焦及声隐身等特殊功能。但是目前大多数超材料微观结构设计复杂、加工工艺繁琐、生产成本高且环境适应性较差,导致其很难进行大批量工程应用。

本书中设计的吸声超材料结构简单、最小孔径为毫米级,因此加工工艺要求较低,可进行大批量生产并且大幅度降低了生产成本,同时材料本身还具有一定的刚度和强度,环境适用性好,为规模化的工业应用奠定了基础,是超材料从实验室迈向工程化的重要一步。

8.1 超材料全消声室

8.1.1 传统消声室

消声室是声学测试的重要设备之一,可为某些零部件的测试提供自由声场环境,其声学性能指标直接影响测试的精度。根据实际使用工况,消声室分为全消声室和半消声室(见图 8-1),其中全消声室是在室内 6 个面上全部铺设吸声材料,具有完全的自由场空间;而半消声室中,其地面是硬质地面,只在其他 5 个面上铺设吸声材料,提供半自由场空间。

针对具体测试要求,反映消声室性能的关键指标主要有两个:

(1)截止频率:50～100 Hz;

(2)背景噪声:≤20 dB(A)。

目前消声室多是采用尖劈结构制作而成,具体使用时还存在以下不足。

(1)尖劈结构厚度大,空间利用率低。

尖劈的厚度需要达到对应波长的 1/4 才能实现理想的吸声效果,当截止频率是 50 Hz 或 100 Hz 时,其厚度需要达到 1.5 m 和 0.8 m 左右。由于厚度较大,尖劈会占据大量的消声室内空间,使得整个空间的利用率较低。

 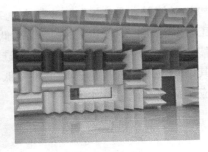

(a)　全消声室　　　　　　　　　(b)　半消声室

图 8-1　成品消声室

（2）尖劈结构无法承载。

在制作全消声室时，地面需要铺设吸声尖劈，但由于其无法承载且表面不平整，需要在上面敷设一层金属丝网结构；但是当测试样件整体面积较大时，丝网结构很难保证良好的承载能力，而且对吸声效果也会产生一定的影响。因此，尖劈型的全消声室很难完成一些大型样件的测试，如汽车、飞机舱段、高铁车厢等。

（3）消声室主体结构厚度大。

消声室背景噪声的设计一方面是通过内部吸声材料吸收内部声波，另一方面还需要隔绝外部声波的干扰。尖劈结构本身没有隔绝外部噪声的功能，因此需要通过消声室主体结构来进行隔声，而为了隔绝截止频率的低频噪声，主体结构的厚度一般较大，最终使得主体结构的设计和施工难度增加。

8.1.2　超材料全消声室设计

1. 吸声超材料

本团队（吴九汇教授团队）以第 7 章设计的全频带超材料为基础，将吸声频带进一步向低频移动，设计出了消声室专用超材料，其最终在 50～20000 Hz 吸声频段内具有 95％以上的吸声系数，完全满足消声室的设计使用要求，而且材料整体厚度为 0.3 m，仅为尖劈结构厚度的 1/5 左右。该专用吸声材料同样是由共振型超材料和多孔材料耦合而成，其中共振型超材料样件如图 8-2 所示，尺寸为 1.1 m×1 m×0.28 m，在 50～4000 Hz 范围内具有优异的吸声效果；在其上方敷设 20 mm 厚的专用吸音棉后，可将吸声频带直接拓宽至 50～20000 Hz。

图 8-2 中的共振型超材料是本团队采用模具加工技术加工而成的。该材

料结构相对简单,而且小孔尺寸都在毫米级水平,非常适合采用模具进行大批量加工,使得其加工效率高、生产成本低;另一方面,该材料主要是通过结构吸声,对基底材料不做严格要求,因此在进行加工时可以选用一些专用轻质材料,保证其结构刚度和强度的基础上可降低材料重量,为后续消声室和其他行业的工业应用奠定基础。

图 8-2　消声室专用共振型超材料

2. 超材料全消声室

本团队依据以上原创的吸声材料和吸声技术在西安交通大学中国西部科技创新港校区建造了行业内第一个超材料全消声室,如图 8-3 所示(彩图见书后插页)。该消声室室内空间为 10 m×6 m×3 m、截止频率为 50 Hz、背景噪声为 16 dB(A)。

技术特点如下:

(1)从理论层面、技术研发、结构设计到工程应用均为自主正向研发,具有完全自主的知识产权;

(2)频段范围广:吸声频率范围覆盖 50～20000 Hz;

(3)结构尺寸小:仅为传统尖劈厚度的 1/4～1/5,大大提高了消声室空间的利用率;

(4)承载能力强:通过选择不同的基底材料,可承受 300～10000 kg/m² 的载荷;

(5)面密度低:通过选择轻质材料,可保持 10～50 kg/m² 的面密度;

(6)模块化生产:可通过模具进行基本单元的加工生产,单元之间可直接拼接;

(a)　未铺设吸音棉

(b)　加装吸音棉后室样

图 8-3　超材料全消声室

(7)加工效率高、生产成本低、安装工艺简单、方便。

8.2　静音房间设计

根据某单位具体项目需求,本团队利用自身原创技术为其建造了一个静音房间,取得了非常好的噪声处理效果,其频段主要针对 500~1500 Hz 的范围。

8.2.1　静音房间用吸声材料

相对于消声室而言,静音房间对于声学指标要求相对较低。本团队采用了第 5 章中设计的二阶亥姆霍兹共振型超材料作为静音房间的吸声材料。

本团队首先开发了该型超材料的专用加工模具,可以快速并且高精度地制作吸声样件,生产的二阶共振样件有两种规格:100 mm×100 mm 和 500 mm×500 mm,如图 8-4 所示。大尺寸的样件可以直接快速拼接成不同规格的大型吸声材料,而且样件在加工时就提前预留了安装槽口,方便现场的快速安装。样件的原始材料选用了新型的聚合物材料,整个样件的密度小于 15 kg/m²,静承载力大于 300 kg/m²。

(a)　100 mm × 100 mm样件

(b)　500 mm × 500 mm样件

图 8 - 4　二阶共振型超材料模具加工样件

8.2.2　静音房间

　　为了对比验证静音房间的降噪性能,在其旁边建立了同样大小的普通房间,结构布局如图 8 - 5 所示。房间的墙体由塑钢搭建而成,静音房间的四周墙面、顶面和地面均铺设图 8 - 4 所示的吸声材料;而普通房间的壁面均是塑钢铺设而成。两个房间开有一个普通小门,未做隔声处理。静音房间内部结构和房间门如图 8 - 6 所示。

　　降噪性能具体测试为:首先我们在两个房间相同位置处测试了背景噪声,然后用相同的声源在两个房间相同位置处进行发声,记录下两个房间的噪声值并进行对比,最终的测试结果如图 8 - 7 所示。由测试结果可以看出,在吸声材料的作用下,静音房间的背景噪声降低了 5.6 dB,声源噪声降低了 18.7 dB,具备非常优秀的工程降噪的效果,超过了同等尺寸下的其他传统结构或材料的吸声性能,真正实现了超材料从实验室走向工程应用的目标。

图 8-5　静音房间和普通房间布局示意图

(a)　静音房间内部结构　　　　(b)　房间门

图 8-6　静音房间内部结构和门

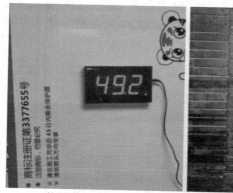

(a) 普通房间背景噪声　　　　(b) 静音房间背景噪声

(c) 声源打开时的普通房间噪声　(d) 声源打开时的静音房间噪声

图 8-7　静音房间与普通房间噪声测试结果

8.3　试验机降噪设计

8.3.1　试验机噪声现状

某型轨道弹条特制试验机,整体尺寸为 0.9 m×0.7 m×1 m,其正常运行时的噪声为 110 dB,严重影响试验室的工作环境,对试验人员健康造成很大影响。设备降噪指标:20 dB 以上。试验机及噪声测量数据如图 8-8 所示。

　　(a)　试验机

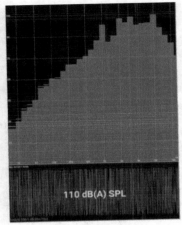
　　(b)　现有噪声数据

图 8-8　试验机与其噪声测量结果

　　通过对噪声数据分析，可知其噪声状况主要具有以下特点：各频段噪声随着频率升高而上升，在 8000 Hz 以后开始下降；几乎所有频段的噪声均超过 60 dB；声压级超过 80 dB 的噪声集中在中、低频段。整体来说，该设备运转噪声大、频段广，中、高频段的噪声可以采取常规的隔声措施进行处理，但对低频段噪声几乎没有效果，因此，这里需要采用本团队设计的吸声型的声学超材料。

8.3.2　吸、隔声结合技术方案

　　由于单纯的隔声很难解决低频噪声，我们还采取了吸声技术，通过将声波吸收掉，避免了声波传到后面，理论上可以实现完全的隔声。具体的吸声是通过声学超材料和多孔材料耦合的方式进行，其中低频段噪声依然由前面的二阶共振型超材料吸收，而高频段的噪声由吸音棉吸收，如此一来，几乎所有的声波都可以被吸收耗散，这样的话就会大大衰减声波能量，使外部声压级大大降低。

　　针对该试验机，我们利用吸声材料设计了一个吸声罩，其内部结构和外部整体结构如图 8-9 所示。我们将大尺寸的吸声样件首先固定在吸声罩的箱体上，然后在上面铺设吸音棉，最终组装成一个箱子；考虑到设备需要通风散热，还在箱子的顶部设计了通风口。

(a)　内部结构　　　　　　　　(b)　外部结构

图 8 - 9　试验机吸声罩

最终加上吸声罩之后,试验机的噪声降为 79 dB,如图 8 - 10 所示,降噪量为 31 dB,达到并远远超过了需求目标。

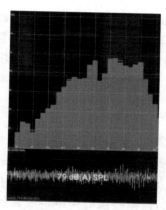

图 8 - 10　加装吸声罩后试验机的噪声结果

8.4　本章小结

本章介绍的超材料典型工程应用均是基于本团队原创的小尺寸大宽带吸声技术。本技术从理论层面、技术研发、结构设计到工程应用均为自主正向研发,具有自主知识产权,没有对标的进口替代技术。本团队首次提出超结构虹吸效应,结合多腔共振机理,突破了共振吸声系数与吸声面积间的矛盾限制,解决了小尺寸低频大宽带吸声难题,获得了各种频段吸声系数高达 95% 的小尺寸、低频、大宽带吸声超结构技术。以此技术为基础,本团队通过结构优化成功设计并制作出模块化、亚结构、低面密度、大宽带、低中频吸声超结构材料,并完成了工程设计,实现了小尺寸、低频、大宽带吸声超结构材料的产品化能力。

附录 优秀产品奖证书

第二十二届中国国际高新技术成果交易会

CHINA HI-TECH FAIR 2020

优秀产品奖证书

获奖单位： 西安交通大学

获奖项目： 声学超结构吸声材料

中国国际高新技术成果交易会组委会

二〇二〇年十一月

彩　图

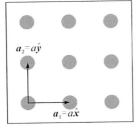

(a) 正方晶格

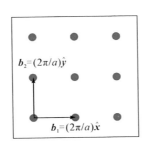

(b) 倒格矢空间

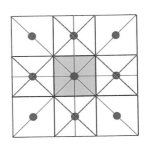

(c) 倒格矢的垂直平分面

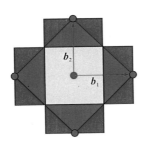

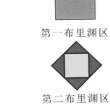

第一布里渊区

第二布里渊区

第三布里渊区

(d) 布里渊区划分（第　、第二及第三布里渊区）

图 1-12　正方形晶格及其倒格矢空间和布里渊区

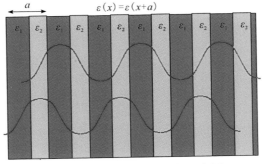

图 1-19　一维光子晶体示意图

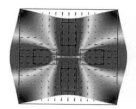 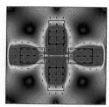 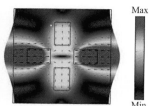

(a) A_1点特征模态   (b) A_2点特征模态   (c) A_3点特征模态

图 2-18   第一条杂化耦合能带中高对称点的特征模态位移图

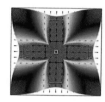 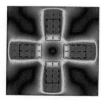 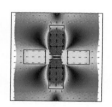

(a) B_1点特征模态   (b) B_2点特征模态   (c) B_3点特征模态

图 2-19   第二条杂化耦合能带中高对称点的特征模态位移图

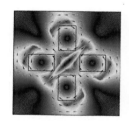 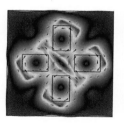 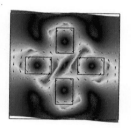

(a) C_1点特征模态   (b) C_2点特征模态   (c) C_3点特征模态

图 2-20   第三条杂化耦合能带中高对称点的特征模态位移图

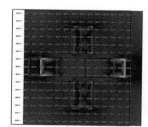 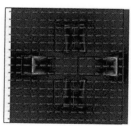 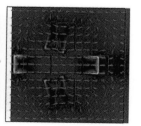

(a)准静态值   (b)正值   (c)负值

图 2-26   ΓX 方向上三种等效质量密度对应的位移场图

(a)准静态值   (b)负值   (c)正值

图 2-27   三种等效体积模量对应的位移场图

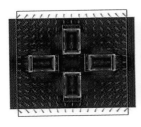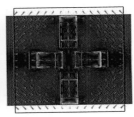

(a)准静态值   (b)负值   (c)正值

图 2-28   正交方向的三种等效剪切模量对应的位移场图

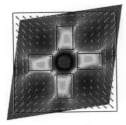

(a)准静态值   (b)负值   (c)正值

图 2-29   对角方向的三种等效剪切模量对应的位移场图

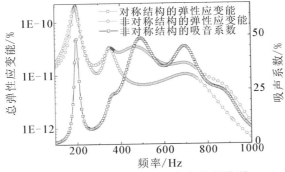

(a)非对称型结构弹性应变能的频谱图

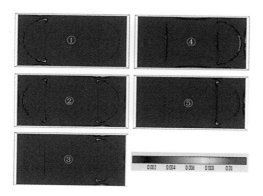

(b)峰值频率对应的弹性应变能云图

图 3 - 23 非对称结构的总弹性应变能和吸声曲线

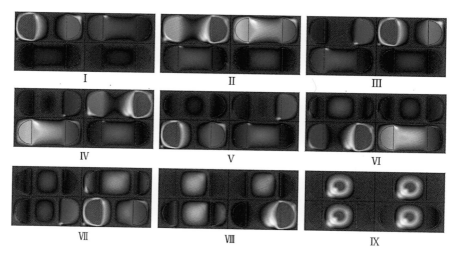

图 3 - 29 非对称结构的吸声峰值对应的振型

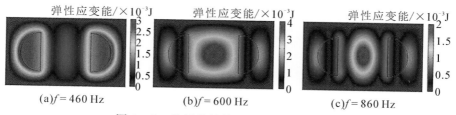

(a)$f = 460$ Hz   (b)$f = 600$ Hz   (c)$f = 860$ Hz

图 4 - 5 单元胞峰值处对应的振动模态

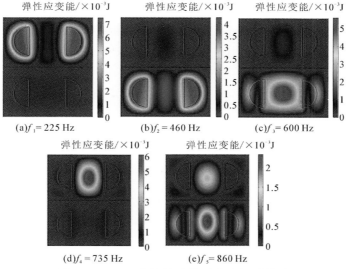

(a)f_1 = 225 Hz   (b)f_2 = 460 Hz   (c)f_3 = 600 Hz

(d)f_4 = 735 Hz   (e)f_5 = 860 Hz

图 4-9　两元胞结构峰值对应的振动模态

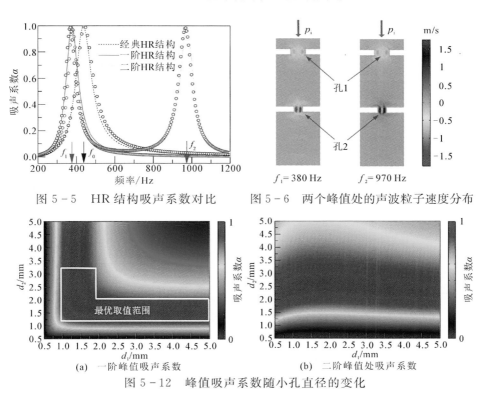

图 5-5　HR 结构吸声系数对比　　图 5-6　两个峰值处的声波粒子速度分布

(a) 一阶峰值吸声系数　　　　　　(b) 二阶峰值处吸声系数

图 5-12　峰值吸声系数随小孔直径的变化

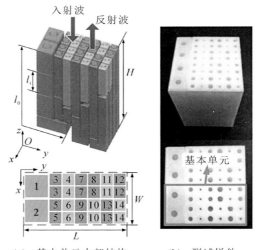

(a) 基本单元内部结构 (b) 测试样件

图 5-21 400～2800 Hz 四阶宽带吸声超材料

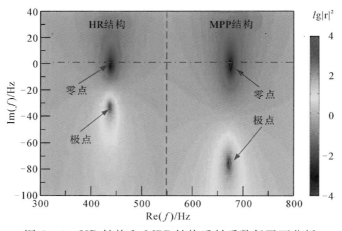

图 6-4 HR 结构和 MPP 结构反射系数复平面分析

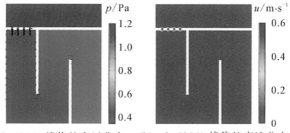

(a) $f=695$ Hz 峰值处声压分布 (b) $f=695$ Hz 峰值处声速分布

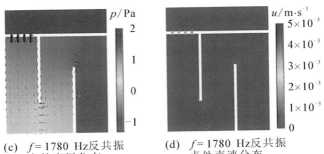

(c) $f = 1780$ Hz反共振
点处声压分布

(d) $f = 1780$ Hz反共振
点处声速分布

图 6 - 6　MPP 结构的声压分布和声速分布

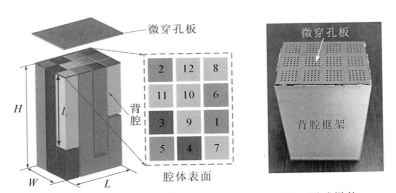

(a)　基本单元内部结构

(b)　测试样件

图 6 - 12　380~3600 Hz 四阶宽带吸声超材料

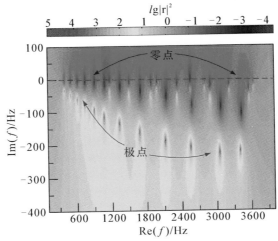

图 6 - 14　380~3600 Hz 超材料基本单元的复平面分析图

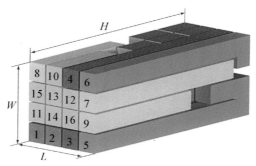

图 6-16　200～2350 Hz 五阶宽带吸声超材料

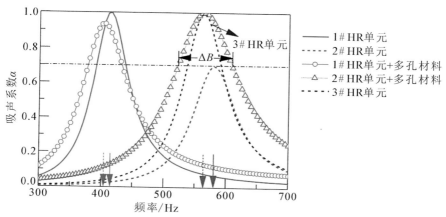

图 7-9　HR 单元及复合结构的吸声系数对比

图 8-3(b)　加装吸音棉后室样